Deepen Your Mind

序

肖佳是我在 EMC 的同事，但是在他入職之前我們就神交已久。2012 年我從微軟來到 EMC，工作方向從傳統的作業系統資料庫轉向前後端結合的雲端儲存系統，彼時我對 Web 系統測試方面的知識一片空白，又面臨著非常大的專案壓力。偶然間在網上閱讀了肖佳關於 Fiddler 的一篇網誌文章。那篇文章解決了我當時遇到的問題，令我受益匪淺。後來，我閱讀了肖佳許多關於 Fiddler 使用的經典文章。這一系列文章為我提供了巨大的幫助，不僅讓我快速了解了 Web 開發測試的相關知識，還讓我對測試有了一個全新的認識。再後來，肖佳入職 EMC，他的豐富知識、專注和努力為團隊的 Web 系統測初探準的快速提升做出了巨大貢獻。

非常高興看到肖佳把他的專業測試知識整理成書。這本書不僅全面介紹了如何使用 Fiddler 進行 HTTP 封包截取，還提供了豐富的應用場景實戰範例。本書除了介紹 HTTP 封包截取及其應用，還介紹了許多 Web 應用方面的相關知識。全書內容深入淺出、圖文並茂，閱讀起來非常輕鬆。對 HTTP 封包截取技術的知識系統重新進行了梳理，加入了作者在工作中新的實踐、新的歸納。

本書對初、中級的測試人員而言是一本入門自動化測試非常有用的讀物，對進階測試工程師來說是一本可以隨時翻閱的參考書。希望讀者能和我一樣，從本書中獲益，並在工作中不斷取得進步。

林應

分眾傳媒技術總監

前言

ଓ 介面自動化測試是以後的主流

在現在的行動網際網路時代，介面測試具備以下的優點。

- 投入產出比高。一個測試工程師一天能寫完十幾個介面自動化測試。
- 公司需求大。大部分公司首選有介面自動化測試能力的技術人員。基本上所有的應徵要求測試工程師會介面自動化測試。
- 產品品質有保障。在快速疊代的過程中，一個完整的介面測試系統能夠在很大程度上保證產品的品質。

ଓ UI 自動化的真面目會慢慢被發現

在過去幾年，測試產業中比較流行的是 UI 自動化測試，然而在行動網際網路時代，UI 自動化有一些缺點使其不太適合再使用。

- 投入產出比非常低。
- UI 自動化程式維護困難。產品前端的快速變化，會使 UI 程式的自動化管理的複雜程度呈幾何級數增長。如果沒有規劃好，那麼修改程式的成本將是一場災難，即使自動化系統高度解耦，UI 元素的管理和偵錯的成本也非常巨大。
- UI 自動化對測試人員的技術水準要求非常高。
- 最致命的是 UI 自動化找不到太多的 Bug，還不如手工測試。

在高速疊代的行動網際網路時代，越來越多的公司拋棄使用 UI 自動化而選擇了介面自動化。

↜ 寫書的過程

本書花了一年半的時間才寫完。寫書的過程非常累，非常痛苦，而且費腦子。每天早上 5 點多就起床，利用早上的 2 小時來寫書。因為這個時候頭腦最清醒，效率最高。

↜ 本書針對的讀者群

本書適合測試工程師或想要學習介面測試的讀者。如果你是「大神」等級的人物，請忽略本書。

本書可以幫助軟體測試人員在較短的時間內快速掌握介面自動化測試，為專案中實施介面自動化測試提供更多的想法。

↜ 本書的獨特之處

本書的內容都是我多年從事介面測試的經驗歸納，非常接近我們的實際工作，能幫助大家解決實際工作中的難題。

本書的內容較簡單，實例豐富，讀者閱讀起來會感覺比較輕鬆、容易上手，讀完本書不需要花費太多時間。如果讀者透過本書的學習，能夠自行開發出一個訂票工具，或實現一個電子商務網站的自動下訂單操作，那麼恭喜你，你已經掌握了本書的所有知識。

↜ 本書所介紹技術的適用場景

本書適用軟體測試人員或介面開發人員學習 HTTP 介面測試。

↜ 本書的內容和組織結構

本書分為 30 章，每章的內容並不多，但配有生動有趣的實例和大量的圖片，方便讀者參考並動手實踐。讀者可以很快學完一章，每學一章都會有成就感。

第 1 ～ 11 章：補充了一些 HTTP 的知識，包括如何使用 Fiddler 來抓 HTTP 封包、如何分析 HTTP 封包。

第 12 ～ 22 章：介紹了如何透過 JMeter、Postman 和 Python+requests 來發送 HTTP 封包，以實現軟體自動化測試和介面的自動化測試。

第 23 ～ 26 章：透過列舉很多有意思的案例，介紹如何使用封包截取工具來實現安全測試和性能測試。

第 27 ～ 30 章：運用本書所說明的內容，實現了幾個日常生活中應用比較廣泛的綜合實例。

✎ 繁體中文版說明

本書原作者為中國大陸人士，原文為簡體中文，為維持全書原貌，本書範例及程式圖例均保持簡體中文介面，讀者閱讀時請參考圖例上下文。

✎ 致謝

感謝多位讀者幫忙對這本書進行公測。我寫完後找了讀者試讀，讀者提供了很有用的建議。感謝陳慧楠、胡卉。

另外要感謝人民郵電出版社的武曉燕編輯，在本書寫作過程中給予的大力支持。

肖佳
寫於上海市楊浦區五角場

目錄

11 HTTP 對各種類型程式的封包截取

12 自動登入和登入安全

13 圖片驗證碼辨識

14 綜合實例——自動按讚

15 前端和後端

16 介面和介面測試

17 JSON 資料格式

18 HTTP 和 RESTful 服務

19 用 Postman 測試分頁 介面

20 用 JMeter 測試單一 介面

Chapter

01

封包截取的用處

資料封包也叫封包，捕捉資料封包簡稱封包截取。封包截取（Packet Capture）就是對網路傳輸中發送與接收的資料封包進行截獲、重發、編輯、轉存等操作，也用來檢查網路安全。IT 從業人員都應該學會封包截取。抓到封包後，具體能做什麼取決於你的想法。

修改封包是指把抓到的封包進行修改，再發送出去。Fiddler 是封包截取、修改封包的「神器」，簡稱 FD。搜索「FD 封包截取」或「FD 修改封包」，可以找到 Fiddler 很多特殊的用法。

1.1 Fiddler 封包截取的應用

很多人聽説過封包截取，但是並不知道封包截取可以做什麼。抓到封包後，你就可以分析用戶端與伺服器之間是如何互動的了。

修改封包的用途就更廣泛了。把抓到的資料封包修改後再發送給伺服器，可以測試伺服器的安全機制。封包截取本身不難，關鍵在於如何分析。

◆ 1.1　Fiddler 封包截取的應用

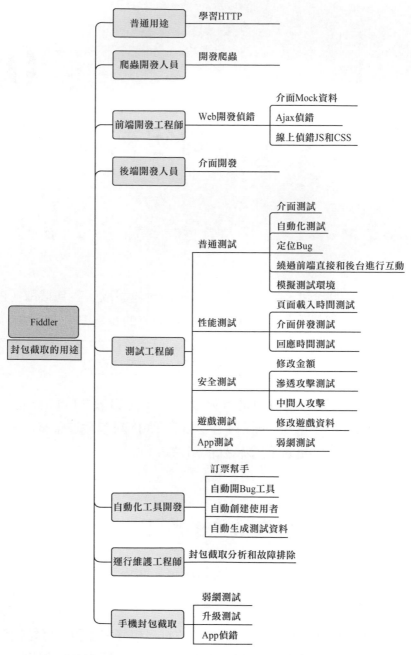

圖 1-1　封包截取的應用

封包截取高手能做到這些：

- 開發全自動買票軟體，比如自動買火車票、演唱會門票和電影票，採用多執行緒登入帳戶，一次可以購買多張；
- 實現電子商務網站全自動化下訂單；
- 自動登入電子郵件，讀取電子郵件中的郵件；
- 透過分析 HTTP 資料封包，來尋找網站系統的漏洞；
- 開發網路爬蟲，抓取資料。

封包截取的應用非常廣泛，如圖 1-1 所示。

1.2 學習 HTTP

HTTP 是一種網路通訊協定。學習 HTTP 較好的方法就是使用封包截取工具去分析 HTTP 請求和回應的內容。就好比如果想學習 TCP/IP，就必須使用 Wireshark 工具去封包截取，分析 TCP 封包的內容。

學習 HTTP，非常重要的是熟記 HTTP 請求和 HTTP 回應的結構。不管用什麼封包截取工具都是為了抓取想要的資料封包，不管用什麼發送封包工具都是為了發送資料封包。

1.2.1 HTTP 請求的結構

HTTP 請求分為 3 個部分：首行、資訊表頭和資訊主體。這 3 個部分的結構一定要記住。特別是資訊主體中資料的格式一定要清楚。

```
POST http://123.206.30.76/clothes/index/login HTTP/1.1
Host: 123.206.30.76
Content-Type:application/x-www-form-urlencoded;charset=utf-8
```

```
User-Agent: Mozilla/5.0  Chrome/71.0.3578.98 Safari/537.36
Connection: keep-alive


username=tankxiao%40outlook.com&password=test1234
```

1.2.2 HTTP 回應的結構

HTTP 回應也分為 3 個部分，重點要瞭解狀態碼的含義。狀態碼是一個 3 位數字的程式，用來表示網頁伺服器超文字傳輸協定的回應狀態。

```
HTTP/1.1 200 OK
Date: Sun, 06 Jan 2019 23:30:17 GMT
Content-Type: text/html; charset=utf-8
Content-Length: 63
Connection: keep-alive
Cache-Control: private
Set-Cookie: ASP.NET_SessionId=0q1bheoez45kimbejjsixove; path=/; HttpOnly
Set-Cookie: ht_cookie_user_name_remember=HT=%e8%82%96%e4%bd%b3; path=/
Set-Cookie: ht_cookie_user_pwd_remember=HT=CF03E6F3D17B1851; path=/
Server: WAF/2.4-12.1


{"status":1, "msg":"會員登入成功！","url":"/index.aspx"}
```

1.3　爬蟲

瞭解 HTTP 是寫爬蟲的必備基礎。學習任何爬蟲都要從 HTTP 學起。

封包截取是了解用戶端和伺服器互動的過程，爬蟲是了解互動過程後模擬請求獲取資料的工具，兩者相輔相成。可以説封包截取是做爬蟲的基

礎，不封包截取直接寫爬蟲就像是矇著眼睛找東西。爬蟲示意圖如圖
1-2 所示。

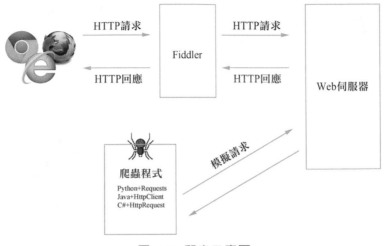

圖 1-2　爬蟲示意圖

先進行封包截取分析，再進行程式模擬，這就是爬蟲的開發過程，以此
來達到爬蟲的目的。

爬蟲抓取資料的優先順序是手機 App 端 > 手機網頁端 >PC 端。

爬蟲的應用

接下來介紹一下如何對二手房樓盤資料進行爬取。

某程式設計師想要買房，於是他寫了二手房樓盤資料爬蟲，來抓取二手
房樓盤的各種資料，包括房屋大小和價格。然後他就從中挑選滿意的房
子，相比去現場看房，這種方法的效率更高，或許更有可能買到實惠、
優質的房子。

爬蟲的運行結果如圖 1-3 所示。

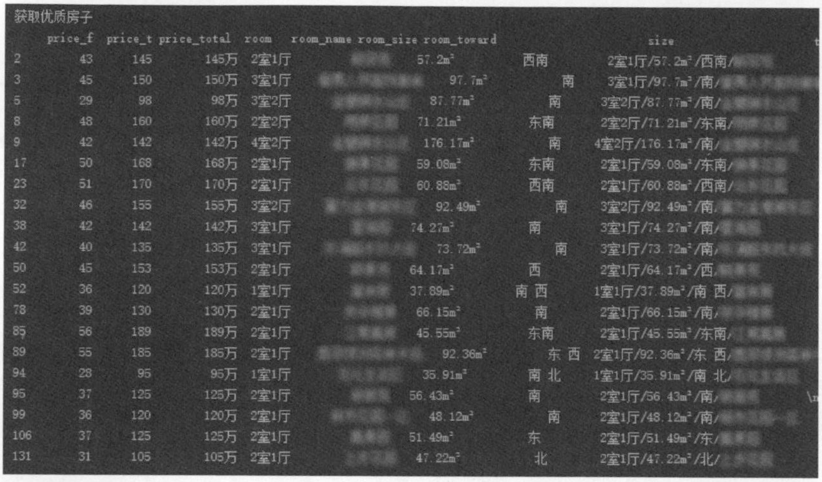

获取优质房子

	price_f	price_t	price_total	room	room_name	room_size	room_toward	size
2	43	145	145万	2室1厅		57.2m^2	西南	2室1厅/57.2m^2/西南/
3	45	150	150万	3室1厅		97.7m^2	南	3室1厅/97.7m^2/南/
5	29	98	98万	3室2厅		87.77m^2	南	3室2厅/87.77m^2/南/
8	48	160	160万	2室2厅		71.21m^2	东南	2室2厅/71.21m^2/东南/
9	42	142	142万	4室2厅		176.17m^2	南	4室2厅/176.17m^2/南/
17	50	168	168万	2室1厅		59.08m^2	东南	2室1厅/59.08m^2/东南/
23	51	170	170万	2室1厅		60.88m^2	西南	2室1厅/60.88m^2/西南/
32	46	155	155万	3室2厅		92.49m^2	南	3室2厅/92.49m^2/南/
38	42	142	142万	3室1厅		74.27m^2	南	3室1厅/74.27m^2/南/
42	40	135	135万	3室1厅		73.72m^2	南	3室1厅/73.72m^2/南/
50	45	153	153万	2室1厅		64.17m^2	西	2室1厅/64.17m^2/西/
52	36	120	120万	1室1厅		37.89m^2	南 西	1室1厅/37.89m^2/南 西/
78	39	130	130万	2室1厅		66.15m^2	南	2室1厅/66.15m^2/南/
85	56	189	189万	2室1厅		45.55m^2	东南	2室1厅/45.55m^2/东南/
89	55	185	185万	2室1厅		92.36m^2	东 西	2室1厅/92.36m^2/东 西/
94	28	95	95万	1室1厅		35.91m^2	南 北	1室1厅/35.91m^2/南 北/
95	37	125	125万	2室1厅		56.43m^2	南	2室1厅/56.43m^2/南/
99	36	120	120万	2室1厅		48.12m^2	南	2室1厅/48.12m^2/南/
106	37	125	125万	2室1厅		51.49m^2	东	2室1厅/51.49m^2/东/
131	31	105	105万	2室1厅		47.22m^2	北	2室1厅/47.22m^2/北/

圖 1-3 爬蟲捕捉房屋銷售資料

1.4 Fiddler 在測試中的作用

Fiddler 常用於性能測試、安全測試、介面測試等測試方向。

1.4.1 封包截取用於性能測試

性能測試的本質是模擬多個使用者同時發送封包，所以需要知道發送的資料封包長什麼樣子。性能測試必然會用到封包截取工具，如圖 1-4 所示。

先用 Fiddler 捕捉到一個使用者發送的資料封包，然後再用工具模擬很多使用者同時發送封包，這就是性能測試的原理。目前主流的性能測試工具是 JMeter 和 LoadRunner。

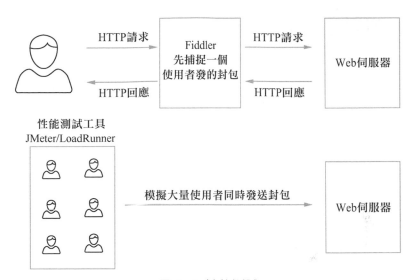

圖 1-4 性能測試

1.4.2 封包截取用於安全測試

SQL 注入、重放攻擊、修改訂單金額、冒充帳號等,都需要用 HTTP。HTTP 是安全測試的基礎,你需要深刻地瞭解 HTTP 中的 Cookie 和認證機制。安全測試如圖 1-5 所示。

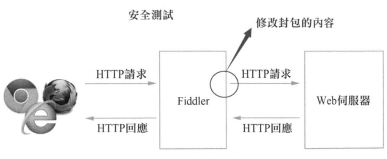

圖 1-5 安全測試

1.4.3 封包截取用於介面測試

如果開發人員沒有給測試人員介面文件，那測試人員可以自己去封包截取查看介面的資訊。在替其他公司的產品做介面測試的時候，測試人員也需要封包截取。

即使開發人員給了介面文件，我們還可以用 Fiddler 進行封包截取，因為透過 Fiddler 封包截取，我們可以看到首行、資訊表頭和資訊主體，再結合開發給的開發文件，從而提高設計介面測試使用案例的效率。

1.4.4 大量製造測試資料

有時在一個新的環境中需要大量的資料，我們可以透過封包截取獲得請求參數之後，直接呼叫介面，填充資料。例如在一個新環境中，沒有廣告相關的資料，我們可以透過封包截取模擬使用者發佈廣告，給測試環境製造大量測試資料。

1.4.5 異常測試

Fiddler 還可用來模擬一些異常情況，比如模擬伺服器返回 500 錯誤、模擬伺服器崩潰的情況，從而測試用戶端是否正常執行。

1.4.6 排除故障和定位 Bug

很多測試人員在測試 App 或 Web 的時候，發現頁面上的資料不對，例如資料庫裡有 14 個訂單，而頁面只顯示 12 個訂單，就馬上發送 Bug 給前端開發人員。前端開發人員看到 Bug 後很不高興，回覆說：伺服器端（後端）只給我 12 個訂單的資訊，我把 12 個訂單的資訊顯示在頁面上，前端程式沒有任何問題；不是我的 Bug，是伺服器端的問題。

這時，我們可以用 Fiddler 來封包截取，來分析這是前端的 Bug 還是後端的 Bug。封包截取後，如果發現回應返回的是 12 個訂單資訊，則說明是後端的 Bug。後端在資料庫查詢的時候，沒有獲取全部資料。該過程如圖 1-6 所示。

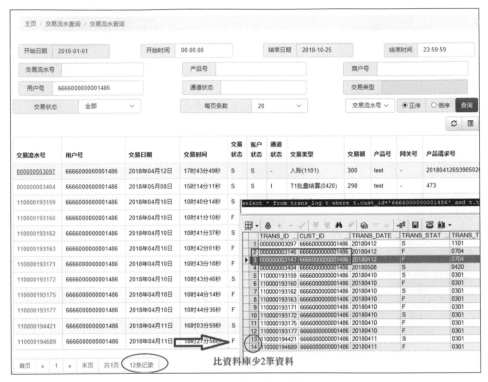

圖 1-6　頁面資料和資料庫的不一致

如果發現後端伺服器返回了 14 個訂單資訊，而頁面上只顯示了 12 個訂單資訊，說明這是前端的 Bug。Fiddler 定位 Bug 的原理如圖 1-7 所示。

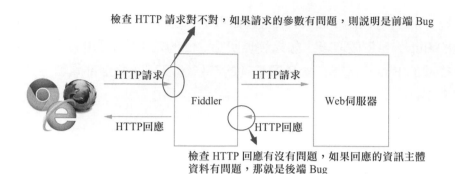

圖 1-7 Fiddler 定位 Bug

在圖 1-8 中點擊「查詢」按鈕後,發現頁面沒有資料。然後透過 F12 開發者工具封包截取,可以看到頁面根本沒有發送 HTTP 請求,說明這是一個前端 Bug。

圖 1-8 點擊「查詢」按鈕沒有資料

現在我們以測試簡訊驗證碼是否過期為例來講解如何定位 Bug,詳細測試步驟如下。

步驟 1 輸入正確的手機號碼，點擊獲取驗證碼。

步驟 2 收到簡訊驗證碼後，等待 180s，此時驗證碼已經過期。

步驟 3 輸入簡訊驗證碼，點擊「登入」按鈕。

測試結果：頁面沒有「驗證碼過期」提示，如圖 1-9 所示。

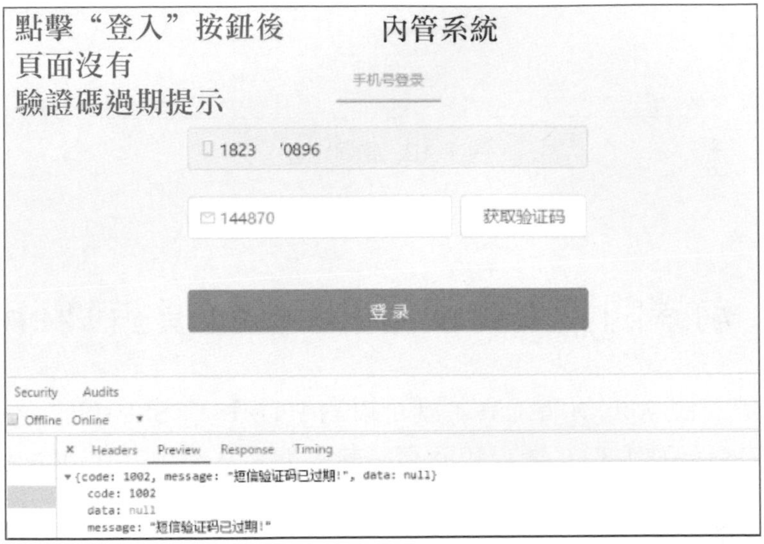

圖 1-9 按一下「登入」按鈕

如果封包截取發現伺服器傳回了「簡訊驗證碼已過期」的錯誤，但是頁面上沒有任何顯示，那麼這是一個前端 Bug。

以商戶列表查詢為例，輸入商戶 ID 後，點擊「查詢」按鈕，可以發現查詢結果數量有問題（查詢不到結果），如圖 1-10 所示。透過封包截取發現伺服器返回了 500 錯誤，並且有 SQL 的錯誤訊息，這明顯是一個後端 Bug。

圖 1-10 查詢出錯

1.5 前端開發人員使用 Fiddler 偵錯 Web

Fiddler 是一個 Web 偵錯工具，既可以對 HTML、CSS、JS 檔案修改，還可以偽造各種 HTTP 請求和回應。前端開發人員利用 Fiddler 可以偵錯 Web 頁面的功能。

1.5.1 後端介面 Mock

前端開發人員和後端開發人員是分開工作的，前端開發人員的 UI 元件寫好但是後端開發人員的介面還沒有寫好，那麼前端開發人員可以利用 Fiddler 中的 AutoResponder 模擬請求介面，來偵錯自己的 UI 元件，查看有沒有 Bug。

1.5.2 AJAX 偵錯

在前端偵錯資料 AJAX 介面時,為了測試一些後端返回的特殊資料結構對頁面和用戶端的影響,測試人員需要造一些假資料來測試。假資料有 XSS、長資料、不同的欄位類型(陣列、字串、數字)等。

1.5.3 線上偵錯

如果線上產品出現了 Bug,前端開發人員要去修復這個 Bug,那麼需要偵錯伺服器上某個 HTML/CSS/JavaScript 檔案。此時我們可以使用 Fiddler 中的 AutoResponder 功能。直接用本機的 HTML/CSS/JavaScript 檔案來替換線上的檔案,這樣就可以直接線上偵錯。

1.6　後端開發人員使用 Fiddler 封包截取

後端開發人員會先使用 Fiddler 或 Postman 來測試介面,主要是測試介面的主流程能否跑通。能跑通之後才給前端開發人員聯調或給測試人員做介面測試。

1.7　安全測試

安全測試人員會用封包截取工具來進行安全性測試,如圖 1-11 所示。

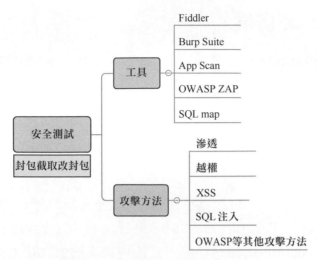

圖 1-11　安全測試人員使用 Fiddler

給自己公司的產品做安全測試叫作安全測試或滲透測試，有些公司專門給別人公司的產品做安全性測試。兩者用的技術一樣，目的也基本一致。

1.8　檢查網站的簡單問題

在網站開發過程中，可以用 Fiddler 來發現 404 錯誤，以及較大的回應輸出問題。

1.8.1 Fiddler 檢查 404 錯誤

過多的 404 錯誤會影響網站的性能，多數的 404 錯誤都與一些資源檔的引用有關，例如程式中引用了不存在的 CSS 或 JS 檔案。這些 404 錯誤發生時，可能並不會影響頁面的正常顯示，因此這類錯誤根本不會引起一些開發人員的注意。

當 404 錯誤產生時，回應的內容是一個正常的網頁，雖然這個回應看起來不大，但是由於請求不成功，每當打開這些頁面時，請求都會重新發起，其數量會越來越多。

反過來，我們可以想一下，如果引用的資源檔存在，這些檔案僅需要請求一次，瀏覽器就會快取它們，根本不需要每次都重新發起請求。這樣一來用戶端減少了請求次數，伺服器減輕了連接壓力，那些無意義的404 錯誤回應造成的網路流量的浪費也能避免。

因此，過多的 404 錯誤請求是一個惡性循環，它延長了頁面的載入時間，給伺服器端帶來了連接壓力，也浪費了網路資源。

可以用 Fiddler 來檢查網站的 404 錯誤，如圖 1-12 所示。

圖 1-12 用 Fiddler 檢查網站的 404 錯誤

1.8.2 Fiddler 檢查大回應

大回應（回應資料很多）會導致瀏覽器顯示速度變慢。大回應就是指伺服器返回的 HTTP 回應太大了，花費了較長的網路傳輸時間。我們可以用 Fiddler 檢查大回應，如圖 1-13 所示。

圖 1-13 用 Fiddler 檢查大回應

1.9 自動化小工具的開發

我們可以透過封包截取來開發一些小工具，用來做測試的輔助。以下工具僅為展示用，範例請勿模仿並非法使用。

1.9.1 購票幫手

圖 1-14 展示了一個購票幫手，類似的工具非常多。這種工具的想法都是先透過封包截取來分析瀏覽器和 Web 伺服器的 HTTP 請求和 HTTP 回應，然後自己開發一個程式來發送封包，從而模擬登入、查詢、預訂、提交訂單等。這樣可以實現無人值守，自動買票功能。我們可以開發買火車票、演唱會門票、足球比賽門票和電影票等的工具。

這種工具的強大之處就是可以多執行緒併發操作，甚至可以一次登入十多個帳號，而且可以掛機。這種工具無須使用者操作，可以實現全部自動化。

圖 1-14　購票幫手

1.9.2　自動申請帳號工具

網際網路公司一般都有幾套測試環境，比如 QA 測試環境、準上線環境、線上環境等。這幾個環境是獨立的。測試人員有時候需要在 QA 環境上申請帳號，有時候需要在準上線環境上申請帳號。手動申請帳號很麻煩，比較費時間。我們可以開發一個自動申請帳號的工具，一鍵申請。

1.9.3　Fiddler 找回密碼

當我們忘記密碼的時候，恰好瀏覽器記住了密碼（見圖 1-15），那我們可以用 Fiddler 找回密碼，如圖 1-16 所示。

圖 1-15 忘記網站的密碼

圖 1-16 用 Fiddler 封包截取查看密碼

透過 Fiddler 封包截取，我們可以抓到瀏覽器登入等請求，然後從請求中找到密碼。這種情況只適合密碼沒有被 JavaScript 加密的情況。

1.9.4 網路遊戲幫手

遊戲測試中會用到 Fiddler 來封包截取，從而尋找遊戲的漏洞。

1.10 概念的區別

經常會聽到封包截取、錄製、爬蟲、自動化測試和外掛等詞語，這些概念很容易讓人感到困惑。其實這些概念之間有關係。

1.10.1 封包截取和錄製的區別

自動化測試中還有兩個重要的概念：錄製和重放，詳細說明如圖 1-17 所示。

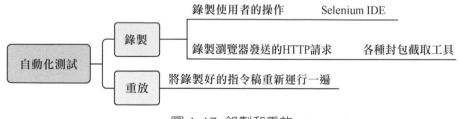

圖 1-17 錄製和重放

封包截取其實就是一種錄製，Fiddler 封包截取其實就是錄製指令稿。Fiddler 既可以把錄製後的指令稿保存下來，也可以重放。

1.10.2 自動化測試和爬蟲的區別

自動化測試和爬蟲都可以模擬瀏覽器發送 HTTP 請求，用的技術和寫的指令稿差不多，區別在於目的不同。爬蟲是為了獲取頁面上的資訊；自動化測試的目的是驗證軟體是否存在 Bug。

1.10.3 自動化測試和外掛的區別

自動化測試和外掛用的技術是一樣的。其區別在於：自動化測試是給自己公司的產品做自動化測試；外掛是給別人公司的產品做自動化測試。

1.11　本章小結

本章透過大量的實例列舉了封包截取的用途。封包截取的用途非常廣泛，大多數的 IT 工程師會用到封包截取。同時，根據封包截取目的的不同，本章對封包截取、錄製、爬蟲、外掛和自動化測試的概念進行了區分。

Fiddler 如何封包截取

封包截取的目的是查看 HTTP 封包的內容，分析用戶端是如何與伺服器互動的。Fiddler 在使用的過程中經常會碰到一些問題。本章補充一些 Fiddler 的用法。

2.1 Fiddler 必須要做的 3 個設定

Fiddler 需要進行 3 個設定，這樣做使用 Fiddler 的過程才能順暢。

2.1.1 第 1 個設定：在 Fiddler 中安裝證書

大部分網站使用 HTTPS，所以必須安裝證書，這樣才能捕捉 HTTPS，如圖 2-1 所示。

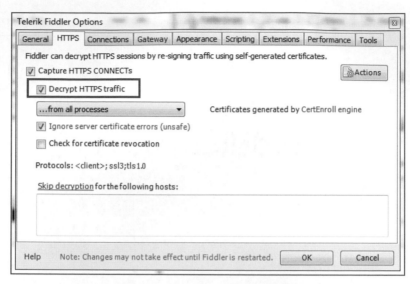

圖 2-1　在 Fiddler 中安裝證書

如果證書沒有安裝成功，那麼 Fiddler 只能抓到 HTTP 請求，抓不到 HTTPS 請求，如圖 2-2 所示。因此一定要想辦法把證書安裝好。

圖 2-2　沒有抓到 HTTPS

2.1.2 第 2 個設定：自動解壓 HTTP 回應

在 Fiddler 工具列中選中 Decode 按鈕，如圖 2-3 所示。這樣就會自動解壓 HTTP 回應，否則我們看到的 HTTP 回應是亂碼。

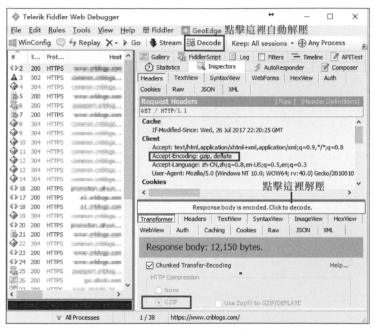

圖 2-3 Fiddler 選中 Decode 按鈕

2.1.3 第 3 個設定：隱藏 "Tunnel to" 請求

可以在 Fiddler 中隱藏 "CONNECT Tunnels" 請求，如圖 2-4 所示。隱藏的方法是選擇功能表列中的 Rules → Hide CONNECTs。這樣 Fiddler 就不會捕捉大量無用的驗證請求，如圖 2-5 所示。這些 "Tunnel to" 的請求對我們沒什麼用處，因為我們封包截取是為了看 HTTP 請求和回應的資料內容，抓 HTTPS 也是看資料內容，而不關心 HTTPS 的通訊是怎麼建立的。

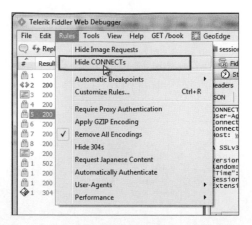

圖 2-4　在 Fiddler 中選中 Hide CONNECTs

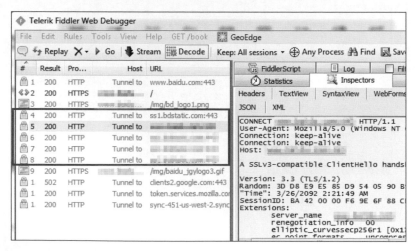

圖 2-5　Fiddler 中的驗證驗證請求

2.2　不允許封包截取

軟體開發廠商並不希望自己的軟體被人封包截取，封包截取表示自己的
介面全部被人看得一清二楚，存在很多安全隱憂。有很多 **App** 採取各種
措施來防止被封包截取。

2.2.1 某些 App 抓不到封包

某些 App 為了不被封包截取，直接會在程式裡設定不允許使用代理，這樣 Fiddler 就抓不到封包了。

有些 App 能封包截取，說明 Fiddler 的設定是正確的。某些 App 不能封包截取，原因有很多，常見原因如下。

- 可能是 Fiddler 證書的原因，解決方法是需要用證書外掛程式來重新製作一個證書，然後重新設定。
- 這個 App 的開發者進行了特殊設定，不讓封包截取。

2.2.2 HTTP 請求和回應全部加密

圖 2-6 是一個查違規的 App 的封包截取內容，可以看到這個 App 可以被封包截取，但是其 HTTP 請求和 HTTP 回應全部被加密了，安全性很高。

圖 2-6 查違規 App 的介面全部被加密

2.2.3　不讓封包截取

銀行的 App 對安全性要求很高，所以一般不允許封包截取。某款銀行 App 在用 Fiddler 封包截取的時候，App 會提示網路錯誤，不讓封包截取，如圖 2-7 所示。

圖 2-7　某銀行 App 不讓封包截取

2.3　Fiddler 抓不到封包

在使用 Fiddler 的過程中，有時候會發現 Fiddler 抓不到封包。下面介紹如何解決封包截取失敗的問題。

2.3.1　Fiddler 的封包截取開關

Fiddler 有一個封包截取的開關。打開狀態列的時候，狀態列的最左邊有個 Capturing 圖示，如圖 2-8 所示。如果沒有這個圖示，當然抓不到封包了。初學者很容易忘記這個開關。

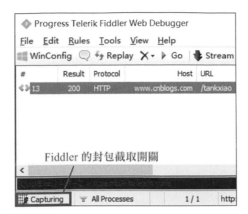

圖 2-8 Fiddler 的封包截取開關

2.3.2 瀏覽器抓不到封包

Fiddler 能封包截取是因為它是一個代理伺服器。需要封包截取的程式必須把代理指向 Fiddler 才行。如果瀏覽器抓不到封包,可能是因為瀏覽器的代理設定沒有指向 Fiddler。我們可以先重新啟動 Fiddler,然後查看瀏覽器的代理伺服器設定,或換不同的瀏覽器試試。

我們先來看一下 Fiddler 的封包截取原理圖,如圖 2-9 所示。

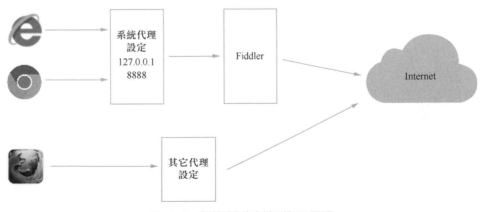

圖 2-9 瀏覽器的封包截取原理

如果是某一個瀏覽器抓不到封包，解決方案是換其他的瀏覽器。例如 IE 和 Chrome 都能抓到，只是 Firefox 抓不到封包，説明 Fiddler 本身沒有問題，可能是 Firefox 的代理設定沒有指向 Fiddler。

如果是所有的瀏覽器都抓不到封包，這説明整個 Fiddler 都不工作。那麼要先重新啟動 Fiddler，再檢查系統的代理設定，如圖 2-10 所示。

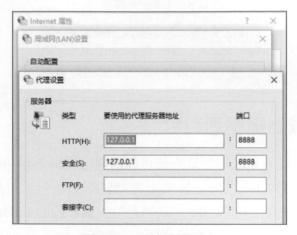

圖 2-10　系統代理設定

設定系統代理的打開方式為：主控台→ Internet 選項→連接→區域網設定→代理伺服器。

2.3.3　能抓 HTTP 不能抓 HTTPS 的請求

如果發現 Fiddler 可以抓到 HTTP 的請求，但是抓不到 HTTPS 的請求，這説明沒有安裝 Fiddler 的證書或安裝 Fiddler 證書失敗。Fiddler 可能會提示你安裝證書。解決辦法是重新安裝證書，再重新啟動 Fiddler，如圖 2-11 所示。

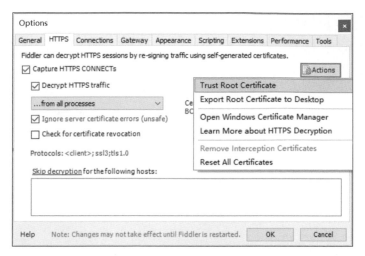

圖 2-11　重新安裝證書

重 新 安 裝 證 書 的 操 作 是 Options → HTTPS → Actions → Trust Root
Certificate。

2.3.4　抓不到手機中的封包

很多人會碰到這種情況：Fiddler 能抓本機電腦瀏覽器的封包，但是抓不
到手機的封包。本機電腦和手機位於同一個網路，各種設定也正常，但
是手機的封包就是抓不到。

出現這樣的問題的原因是 Fiddler 所在的電腦和手機之間的網路不通。
即使 Fiddler 所在的電腦和手機連的是同一個 Wi-Fi，也可能網路不通。
在同一個 Wi-Fi 下，網路不一定是通的。作業系統上的防火牆或其他軟
體的設定都會影響網路的通訊。我們需要透過下面的步驟來檢測網路是
否是通的。

步驟 1　測試 Fiddler 能否捕捉本機電腦的瀏覽器的封包，如果本機瀏覽
器都不能封包截取，那就說明 Fiddler 的設定有問題。

步驟 2 如果 Fiddler 所在的電腦的 IP 位址是 192.168.0.100，那麼 Fiddler 證書網站的網址是 http://192.168.0.100:8888。用電腦的瀏覽器造訪 Fiddler 證書網站，如圖 2-12 所示。

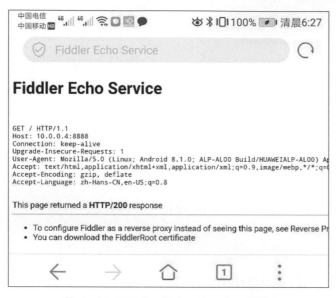

圖 2-12　Fiddler Echo Service 網頁

步驟 3 在手機沒有設定代理的情況下，在手機上用瀏覽器打開 Fiddler 的證書網站。

如果網頁打不開，則説明網路不通。其原因可能如下。

- 手機和電腦不在同一個網路。
- Fiddler 的允許遠端連接的設定沒有打開。
- Windows 的防火牆關閉（防火牆打開，可能會禁止 8888 通訊埠對外開放）。

只有 Fiddler 證書網站能打開，才能説明手機和電腦的網路是通的。然後再去修改手機上的代理設定，Fiddler 才能對 App 進行封包截取。

2.3.5 經過上面的設定，還是抓不到封包

可以考慮換台電腦、換個手機試試，或換別的封包截取工具試試。

2.3.6 在 macOS 中封包截取

Fiddler 是用 C# 開發的，目前對 macOS 的支援不太友善。現在很多人用 Mac 筆記型電腦辦公，在 macOS 上封包截取可以考慮用另外兩個工具：瀏覽器開發者工具和 Charles。

2.3.7 Fiddler 證書安裝不成功

有時候會碰到 Fiddler 安裝證書不成功的情況，如圖 2-13 所示。

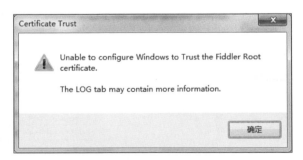

圖 2-13　證書安裝不成功

這種情況一般在 Windows 7 系統中出現，可以試圖用下面介紹的兩種方法來解決。

方法 1：從別的機器中複製一個 Fiddler 根證書 "FiddlerRoot.cer" 放到 Fiddler 的安裝目錄下面，然後再重新設定證書，如圖 2-14 所示。

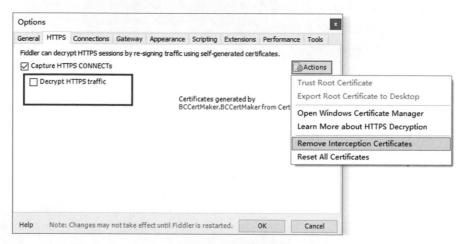

圖 2-14　設定 Fiddler 證書

方法 2：使用 Fiddler 證書製作工具來重新製作證書，詳細步驟如下。

步驟1 在 Fiddler 中 刪 除 證 書。 打 開 Fiddler， 依 次 打 開 Tools →
Options， 取 消 選 中 Decrypt HTTPS traffic， 並 且 在 Actions 中 選 擇
Remove Interception Certificates，如圖 2-15 所示。

圖 2-15　刪除證書

步驟2 移除證書。找到 Fiddler 的安裝目錄，其中有個 unCert.exe 檔案。
如果沒有 unCert.exe 就不需要移除。雙擊它運行，結果如圖 2-16 所示。

步驟3 使 用 Fiddler 證 書 製 作 工 具 來 重 新 製 作 證 書。 下 載 Certificate
Make 外掛程式，運行下載的檔案之後會生成新的證書。

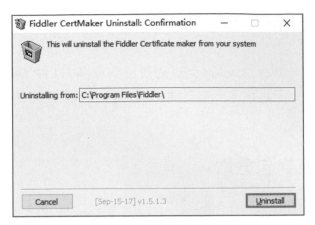

圖 2-16 移除證書

步驟4 在 Fiddler 中重新設定證書。

2.3.8 iOS 10.3 以上,手動信任證書

若系統為 iOS 10.3 以上,那麼證書可能沒有被信任,需要手動設定信任證書。依次打開「設定」→「通用」→「關於本機」→「證書信任設定」,將 Fiddler 證書啟用即可,如圖 2-17 所示。

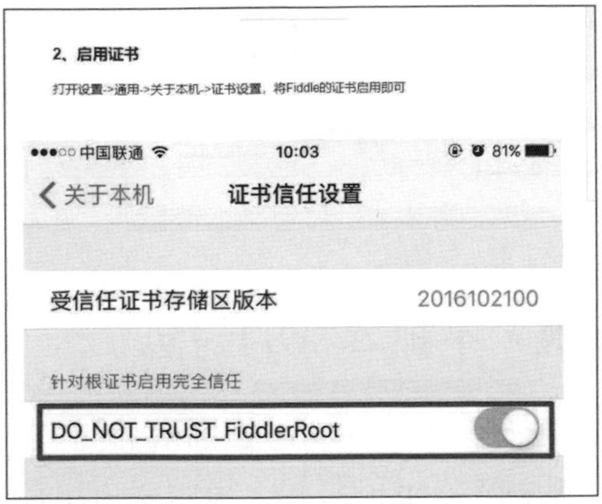

2、启用证书

打开设置->通用->关于本机->证书设置,将Fiddle的证书启用即可

●●●○○ 中国联通 🔗   10:03   @ ☑ 81% ▮

〈关于本机   证书信任设置

受信任证书存储区版本   2016102100

针对根证书启用完全信任

DO_NOT_TRUST_FiddlerRoot

圖 2-17 在 iOS 中啟用 Fiddler 證書

2.4　Fiddler 封包太多找不到自己想要的

Fiddler 啟動後，Web Session 列表就會抓到很多 HTTP 請求，初學者往往會比較迷茫，因為找不到自己要抓的封包。下面介紹幾種方法來找到自己要抓的封包。

2.4.1　停止封包截取

最推薦使用這個方法。在封包截取之前，先把 Web Session 裡面抓到的資料封包全部清空，然後再操作網頁。在抓到想要的封包後，就暫停封包截取，這個方法簡單、實用。熟練使用這個方法後，就不需要使用其他過濾的方法了。封包截取開關如圖 2-18 所示。

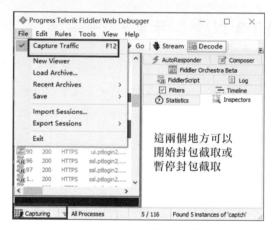

圖 2-18　封包截取開關

2.4.2　只抓手機，不抓本機的封包

在專門抓 App 的封包的時候，Fiddler 裡面混雜了本機電腦和手機 App 的封包，如果只想抓手機 App 的封包，這時候可以選擇 "…from remote clients only"，如圖 2-19 所示。

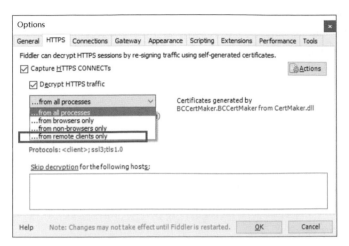

圖 2-19 設定只抓手機的封包

2.4.3 過濾階段

Fiddler 有非常強大的過濾階段的功能，假如不想看到 localhost 的資料封包，就可以把它隱藏。過濾的設定如圖 2-20 所示。注意，在設定時兩個 Host 之間要用分號隔開。

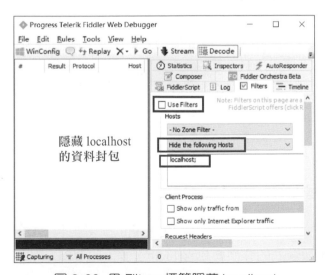

圖 2-20 用 Filters 標籤隱藏 localhost

注意：使用了 Filters 標籤後，記得取消選擇 Filters 標籤。因為可能下次封包截取的時候，忘記設定 Filters 標籤而抓不到封包。很多人犯過這個錯誤。

2.4.4　只抓特定的處理程序

在狀態列中選擇 Web Browsers 或 Non-Browser 來選擇處理程序，如圖 2-21 所示。此外，工具列中還有個按鈕：Any Process，點擊這個按鈕把十字圖示拖曳到想要封包截取的程式上面，就只會抓特定處理程序的封包，如圖 2-22 所示。

圖 2-21　按處理程序過濾

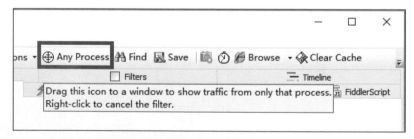

圖 2-22　只抓特定處理程序的封包

2.4.5　觀察 URL 和 HOST

觀察圖 2-23 中的 URL，可知這是登入相關的資料封包。URL 的命名都是有意義的。例如登入的介面會包含 login，登出的 URL 中會包含 logout。

圖 2-23　觀察 URL

2.4.6　查看處理程序發送封包

處理程序是電腦中程式的一次運行活動。Fiddler 的 Process 列對應本機 Windows 處理程序。透過這一列我們可以知道是哪個處理程序在發送封包，如圖 2-24 所示。

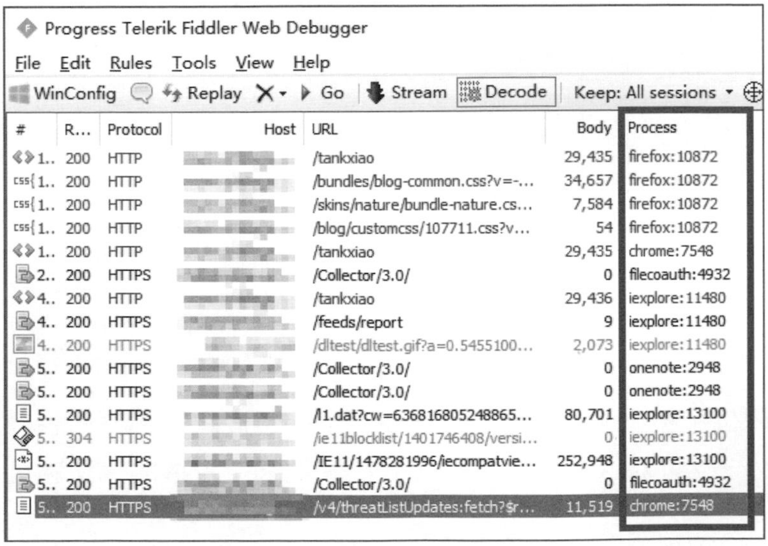

圖 2-24　在 Fiddler 中查看處理程序

2.5　HTTPS 是否安全

Fiddler 能分析 HTTPS 流量是不是表示 HTTPS 協定不安全？

HTTPS 是安全的，Fiddler 抓 HTTPS 的時候安裝了一個 Fiddler 的證書，所以 Fiddler 可以解密 HTTPS 的內容。HTTPS 請求從電腦上發送到網路後，HTTPS 的內容全部是加密的。

2.6　電腦連接手機熱點封包截取

在沒有 Wi-Fi 的情況下，我們用手機開熱點，電腦連接手機的熱點來上網，這個時候電腦上的 Fiddler 能否抓到手機上的封包呢？答案是不能。因為手機開熱點後，採用的是 GPRS 手機流量上網，這個時候手機是不能設定代理伺服器的，如圖 2-25 所示。

圖 2-25　WLAN 熱點

如果有兩個手機，一台電腦，那麼就可以封包截取了。一個手機當成熱點，另外一台手機和電腦都使用這個熱點上網，手機的代理就可以指向電腦了。

用戶端如何封包截取

如果程式是用 .NET 開發的,那麼 Fiddler 可以抓到封包。因為 .NET 程式預設會使用系統代理。如果程式是用別的語言開發的,只要這個程式支援使用者自訂代理,那麼 Fiddler 也可以抓到封包,例如 Fiddler 可以抓 QQ 的資料封包。

如果用戶端程式不支援代理,那麼 Fiddler 就抓不到封包了。

2.7　用 Fiddler 測試 App 升級

Fiddler 常用於 App 的升級測試,我們可以利用 Fiddler 偽造回應來測試 App 升級。

2.7.1　App 升級原理

App 是否升級的檢查是在啟動 App 存取伺服器時進行的,把本機電腦上 App 的最新版本編號與伺服器端的最新版本編號作比較,如果不一致就提示升級。

App 升級的時候,會發送一個 HTTP 請求,來詢問伺服器有沒有最新版。如圖 2-26 所示,如果沒有最新版,則伺服器返回的 HTTP 回應中會說沒有更新。

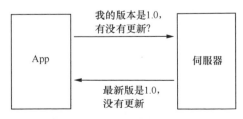

圖 2-26　App 沒有新版本

如果有最新版，則伺服器返回的回應會告知有新版本，並且 App 端會有彈窗提示，如圖 2-27 和圖 2-28 所示。

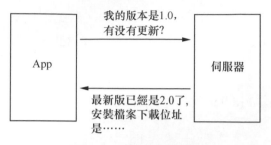

圖 2-27 App 有新版本

圖 2-28 App 更新提示

2.7.2 App 升級的測試

在實際測試中，我們一般不會去修改伺服器，因為修改伺服器會遇到下述問題。

■ 修改伺服器的程式，需要有很好的程式能力，99% 的人做不到。

■ 修改伺服器的程式，還需要重新部署，耗時耗力。

■ 不靈活，升級的情況有好幾種，每次修改都要重新部署。

用 Fiddler 來模擬升級比較簡單，如圖 2-29 所示。

圖 2-29 Fiddler 模擬

我們用 Fiddler 偽造一個 HTTP 回應就可以了。可以用下中斷點的方式修改 HTTP 回應，或用 Fiddler 中的 AutoResponder。接下來以堅果雲為例介紹一下升級。

2.7.3 堅果雲的升級

堅果雲每次啟動的時候，都會呼叫一個 latestVersion 的介面來查詢伺服器，看用戶端有沒有更新的版本，如圖 2-30 所示。

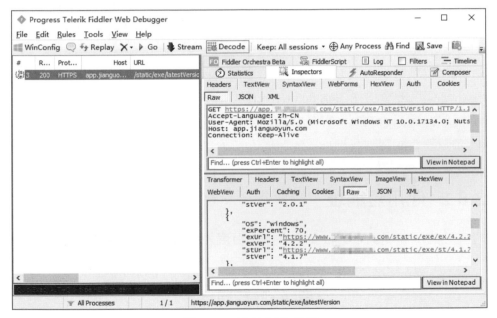

圖 2-30 堅果雲的升級

比較 HTTP 回應中的版本和本機版本，如果伺服器返回的版本更高，那麼用戶端就會彈出對話方塊，提醒使用者升級 App。

2.8 短網址

短網址就是把普通網址轉換成比較短的網址（如 https://dwz.cn/8oVtHHyH）。在微博或其他限制字數的應用裡，短網址有很多好處：網址短、字元少、美觀，便於發佈和傳播。

我們平常工作中寫郵件使用短網址也會讓郵件更加簡潔、美觀。

2.8.1 短網址原理解析

當我們在瀏覽器的網址列中輸入 https://dwz.cn/8oVtHHyH 時：

- 瀏覽器會發送一個 HTTP GET 請求給 dwz 網址；
- dwz 伺服器會透過短碼 8oVtHHyH 獲取對應的長網址；
- 伺服器返回 HTTP 301 或 302 的回應，回應中包含了長網址；
- 瀏覽器會跳躍到長網址。

2.8.2 使用短網址

短網址的服務提供者有很多，例如：百度短網址，如圖 2-31 所示。

圖 2-31 使用百度短網址

2.8.3 用 Fiddler 封包截取短網址

打開 Fiddler，再打開瀏覽器，輸入網址 https://dwz.cn/8oVtHHyH。用 Fiddler 封包截取短網址，如圖 2-32 所示。

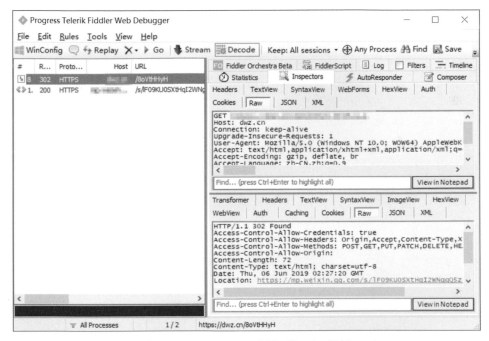

圖 2-32 用 Fiddler 封包截取短網址

從圖 2-32 中可以看到短網址的原理很簡單，利用 HTTP 的跳躍，用 301 或 302 都可以。

2.9 本章小結

本章介紹了 Fiddler 的常用使用技巧，包括封包載取設定、抓不到封包的解決方法等。讀者可以對照本章內容來排除 Fiddler 使用過程中遇到的問題。此外，透過學習本章的內容，讀者還可以了解用 Fiddler 測試 App 升級和短網址的概念。

Session 分類和查詢

Fiddler 中的 Session（階段）也簡稱「封包」，我們平常說的封包截取，就是指捕捉 Session，查看 Session 的內容。一個 Session 由兩個部分組成，一部分是 HTTP 請求資料封包，另一部分是 HTTP 回應資料封包。

3.1 Session 的概念

在 Fiddler 的 Session 列表中可以看到很多 Session。選中其中一個 Session，如圖 3-1 所示。

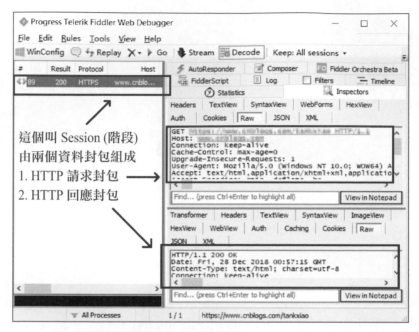

圖 3-1　Fiddler 中的 Session

3.2　為什麼 Fiddler 中有這麼多 Session

打開 Fiddler，會發現裡面有很多 Session。就算不做任何操作，Fiddler 裡面的 Session 也一直在增長。這些 Session 是從哪來的呢？

- 使用系統代理的程式。電腦上任何使用系統代理的程式都會被 Fiddler 抓到，例如輸入法、後端伺服器發出的 HTTP 請求等。
- 一個網頁實際上是由一個父請求和子請求組成的。所以打開一個網頁，會發送很多 HTTP 請求。

正因為 Fiddler 抓到的 Session 太多了，所以我們需要對 Session 進行過濾、尋找，從而找到想要的 Session。

3.3 Session 的類型

啟動 Fiddler，然後在瀏覽器中存取網站，Fiddler 就能抓到很多
Session。每個 Session 前面都有一個小圖示，不同的圖示代表不同的
Session 類型。本節對不同的圖示代表的 Session 類型做詳細的介紹，如
圖 3-2 所示（隨著 Fiddler 版本的升級，圖示可能會有改變。圖只顯示了
部分 Session 類型圖示）。

圖 3-2 部分 Session 類型圖示

- ⬆ 正在向伺服器發送請求。
- ⬇ 正在從伺服器接收請求。
- 🔼 請求中斷點，可以修改 HTTP 請求。
- 🔽 回應中斷點，可以修改 HTTP 回應。
- ⓘ 請求使用的是 HEAD 或 OPTIONS 方法，返回 HTTP/204 狀態碼。
- ▣ 請求使用 POST 方法向伺服器發送資料。

- 🔒 請求使用 CONNECT 方法，使用該方法建構 HTTPS 資料流程的傳輸通道。
- 🖼 回應的內容為 HTML 介面。
- 🖼 回應的內容為圖片檔案。
- 🗒 成功返回。
- 🟥 回應的是 JavaScript 指令檔。
- css{ 回應的是 CSS 檔案。
- 🟪 回應的是 XML 檔案。
- 🔳 回應的是 JSON 檔案。
- 🎬 回應的是視訊檔案。
- 🎵 回應的是音訊檔案。
- 🅰 回應的是字型。
- ↙ 回應的是重新導向，例如 301 和 302。
- ⚠ 伺服器端錯誤，例如 500 錯誤狀態碼。
- 🚫 請求被用戶端應用、Fiddler 或伺服器終止。
- ◈ 回應狀態是 304，代表快取命中，然後使用快取。
- 🅕 回應的是 Flash 程式。
- ☝ 回應的是狀態碼 401，要去用戶端進行認證；或是狀態碼 403，表示存取被拒絕。

3.4 搜索 Session

可以透過尋找的方法來搜索 Session，在 Fiddler 功能表列中選擇 Edit → Find Sessions 命令，或在 Fiddler 中使用快速鍵 Ctrl+F，打開 Find Sessions 視窗。

3.4.1　搜索登入的階段

啟動 Fiddler，打開網頁 http://123****15/zentao/user-login.html(zenTao)，
輸入使用者名稱 qa_tank 和密碼 tanktest1234，點擊「登入」按鈕。
Fiddler 會抓到很多 Session。如何尋找登入的 HTTP 請求呢？直接搜索
qa_tank 就能找到了，如圖 3-3 所示。

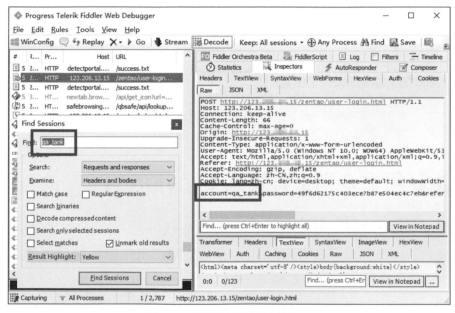

圖 3-3　透過使用者名稱搜索

如果搜索密碼 "tanktest1234" 搜不到，可能是因為密碼被 JavaScript 加密
了。

3.4.2　在請求搜索框中搜索

找到 Session 後，如果想知道資料具體在 HTTP 請求中的什麼位置，還
可以在 HTTP 請求下面的搜索框中輸入關鍵字來搜索，如圖 3-4 所示。

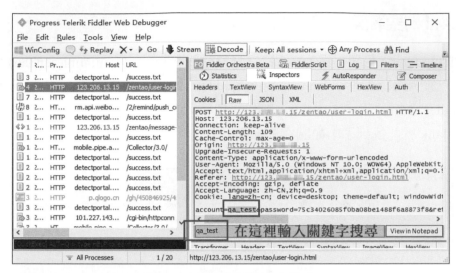

圖 3-4 在 HTTP 請求中搜索

3.5 用命令列工具查詢 Session

Fiddler 的左下角有一個命令列工具叫作 QuickExec，使用者可以在裡面直接輸入命令來快速操作。Fiddler 的重度使用者才會用這個命令列工具，以提高操作的效率，如圖 3-5 所示。

圖 3-5 QuickExec 工具

3.5.1 透過 select 命令過濾

在命令列工具中使用者可使用 select 命令，用於過濾回應類型。

- select image：過濾圖片類型的 Session。
- select css：過濾所有回應為 CSS 的 Session。
- select html：過濾所有回應為 HTML 的 Session。
- select javascript：過濾所有回應為 JavaScript 的 Session。
- select json：過濾所有回應為 JSON 的 Session。

舉例來說，透過命令 select image 來過濾圖片類型的 Session，如圖 3-6 所示。

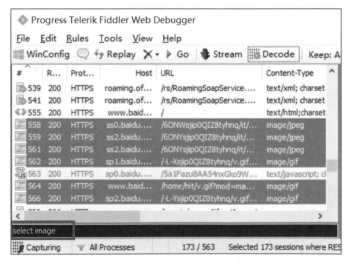

圖 3-6　select image 命令

注意：選中了 Session 後，可以用快速鍵 Shift+ Delete 把未選中的刪除。

3.5.2 透過 allbut 過濾

allbut 命令用於過濾回應類型，並且把不是指定類型的 Session 刪除。舉例來說，在命令列中輸入 allbut json，把回應類型不是 JSON 的階段全部刪除，只留下回應類型為 JSON 的階段，如圖 3-7 所示。

圖 3-7　allbut 命令

3.5.3 透過 "?" 過濾

"?" 過濾方法很常用，可以透過 URL 中是否包含指定字串來進行過濾。

"?" 用於過濾、選擇 URL 中包含了指定文字的 Session。

舉例來說，透過命令 "? tankxiao"，過濾 URL 中包含 tankxiao 字元的 Session，方法如下。

在 QuickExec 對話方塊中輸入 "? tankxiao"，過濾結果如圖 3-8 所示。

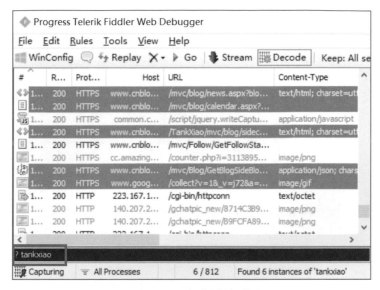

圖 3-8 "?" 命令過濾階段

3.5.4 透過 Session 類型的大小來過濾

Fiddler 捕捉的 Session 回應的大小不同，例如回應類型為視訊時所佔的空間會比回應類型為圖片時所佔的空間大，我們可以根據回應內容的大小來過濾。

>size 命令和 <size 命令可以實現根據回應大小來過濾的目的。

舉例來說，過濾回應超過 100KB 的階段，在 QuickExec 輸入框中輸入 >100K，顯示結果如圖 3-9 所示。

從圖中可以看到符合條件的 Session 被反白顯示出來，在資訊主體列中可以看到其大小是大於 100KB 的。

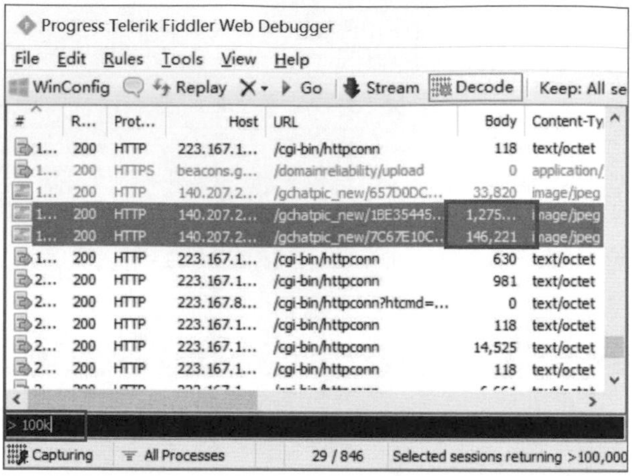

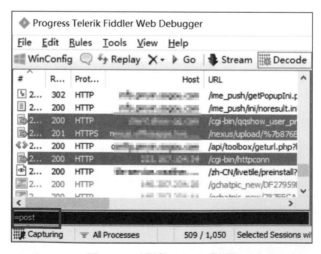

圖 3-9 過濾大於 100KB 的階段

3.5.5 透過「=HTTP 方法」過濾

常見的「=HTTP 方法」有以下兩種。

- =GET，代表過濾請求方法為 GET 的階段。
- =POST，代表過濾請求方法為 POST 的階段。

圖 3-10 過濾 POST 階段

舉例來説，透過 =POST 來過濾 POST 的階段。在 QuickExec 輸入框中輸入 =POST，過濾結果如圖 3-10 所示。

3.5.6 透過 @Host 過濾

每個 Session 都有對應的主機名稱，使用者可以透過主機名稱來過濾。@Host 命令是用來透過 Host 中包含的字元來過濾的。

舉例來説，過濾 Host 中包含博客園網址的 Session，在 QuickExec 輸入框中輸入 @cnblogs.com，過濾結果如圖 3-11 所示。

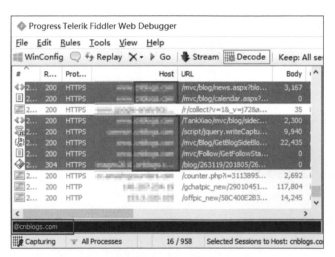

圖 3-11 過濾包含博客園網址的階段

從圖 3-11 的 Session 列表中可以看到符合條件的 Session 被反白顯示出來，在 Host 清單中可以看到這些 Session 都包含了博客園網址。

3.5.7 透過「＝狀態碼」過濾

每個回應都有狀態碼，「＝狀態碼」命令可以根據狀態碼來過濾。

舉例來說，透過 =302 命令來過濾回應狀態碼為 302 的階段。在 Quick Exec 輸入框中輸入 =302，過濾結果如圖 3-12 所示。

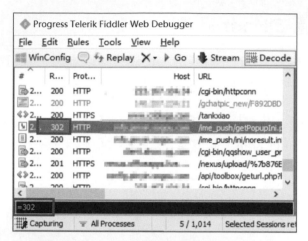

圖 3-12　過濾回應狀態碼為 302 的階段

3.6　給 Session 下中斷點

在修改 HTTP 請求或修改 HTTP 回應中，我們可以透過命令列中的命令來下中斷點。

3.6.1　下中斷點攔截 HTTP 請求

bpu *** 命令中的 *** 表示 URL 中的部分欄位。該命令用於對 URL 中包含指定字元的 HTTP 請求設定中斷點。

bpu 命令用於取消中斷點。

舉例來說，在 Fiddler 中，在 QuickExec 輸入框中輸入 bpu tankxiao，從
而攔截 URL 中包含 tankxiao 欄位的 HTTP 請求，如圖 3-13 所示。

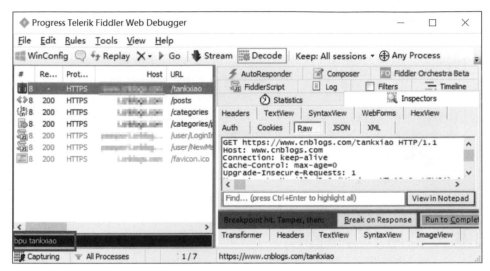

圖 3-13　命令列下中斷點攔截請求

用命令列下中斷點，它只會攔截符合規則的，不符合規則的不會攔截。

3.6.2　下中斷點攔截 HTTP 回應

bpafter *** 命令中的 *** 表示 URL 中的部分欄位。該命令用於下中斷
點來攔截 HTTP 回應。

bpafter 命令用於取消中斷點。

舉例來說，在 Fiddler 的 QuickExec 輸入框中輸入 bpafter tankxiao，可
攔截 URL 中包含 tankxiao 欄位的 HTTP 回應，如圖 3-14 所示。

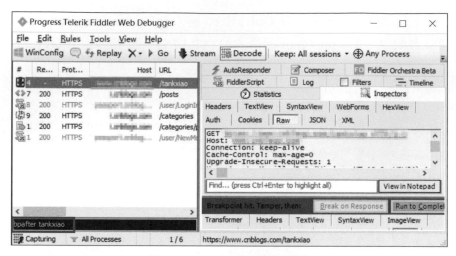

圖 3-14　下中斷點攔截回應

3.6.3　及時取消中斷點

使用請求中斷點攔截住想要修改的 HTTP 請求後，一定要及時取消中斷點，以免攔截其他 HTTP 請求，取消中斷點如圖 3-15 所示。

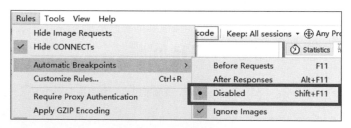

圖 3-15　取消中斷點

3.7　本章小結

本章對 Fiddler 中的 Session 來源、類型和過濾方法進行了介紹，並列舉了透過命令列工具查詢 Session，以及給 Session 下中斷點的常用命令，讓 Fiddler 使用者能夠更熟練地操作 Fiddler。

FiddlerScript 的進階用法

Fiddler 的進階使用者會使用 Fiddler 中的複雜功能,其中比較複雜的功能是 FiddlerScript。使用者可以擴充 Fiddler 的功能。本章將介紹 FiddlerScript 的進階用法。

4.1 FiddlerScript 的介面

最新版的 Fiddler 已經整合了 FiddlerScript,不需要額外安裝,如圖 4-1 所示。

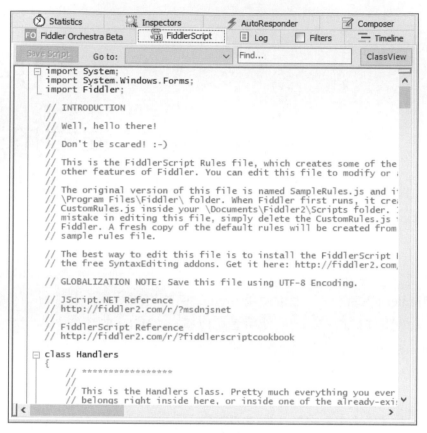

圖 4-1　FiddlerScript

4.2　Fiddler 的事件函數

Fiddler 的程式一般需要放在 Fiddler 的事件函數中，從 Go to 下拉選單中可以快速找到事件函數，如圖 4-2 所示。

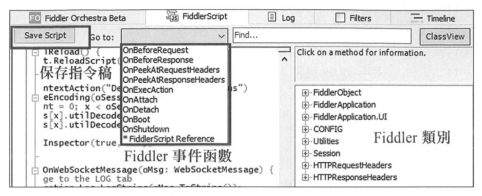

圖 4-2　Fiddler 事件函數

4.3　在 FiddlerScript 中使用正規表示法

在 FiddlerScript 中，使用正規表示法可以把回應中的網頁標題提取出來。提取時要從回應的訊息主體中提取，程式要放到 OnBeforeResponse 方法下面。

引用命名空間 import System.Text.RegularExpressions，具體程式如下所示。

```
if(oSession.uriContains("www.cnblogs.com/TankXiao"))
{
    var allBody = oSession.GetResponseBodyAsString();
    var pattern= "<title>(.*?)</title>"
    var r = new System.Text.RegularExpressions.Regex(pattern);
    var mc = r.Match(allBody);
    var token= mc.Groups[1].Value;
    FiddlerObject.alert(token);
}
```

保存指令稿後再存取網頁，Fiddler 就能提取到網頁的標題了。

4.4 忽略封包截取

忽略封包截取是指不抓這樣的封包，直接放行。忽略請求和過濾請求是不一樣的，過濾是指抓到封包後，不顯示在 Fiddler 上。

在 OnBeforeRequest 中插入以下程式可忽略包含 tankxiao 的資料封包。

```
// 忽略網址中包含tankxiao的資料封包
if(oSession.uriContains("tankxiao"))
{
    oSession.Ignore();
}
```

4.5 顯示用戶端和伺服器的 IP

Fiddler 是運行在電腦上的。作為一個代理伺服器，Fiddler 可以捕捉各種用戶端（手機、平板、Mac 電腦等的瀏覽器）發出來的 HTTP 請求，但是代理伺服器分不清楚哪些 HTTP 請求是手機端發出來的，哪些是電腦端發出來的。

可以在 Fiddler 中增加一列來查看用戶端的 IP，再增加一列來查看伺服器的 IP。

在 static function Main() 中插入以下程式。

```
// 顯示伺服器的IP
FiddlerObject.UI.lvSessions.AddBoundColumn("ServerIP", 120,"X-HostIP");
// 顯示用戶端的IP
FiddlerObject.UI.lvSessions.AddBoundColumn("ClientIP", 120,"X-ClientIP");
```

ServerIP 和 ClientIP 是 Fiddler 中的列名稱，可以自行修改，如圖 4-3 所示。

```
        }
        */
        // The Main() function runs everytime your FiddlerScript compiles
        static function Main() {
            var today: Date = new Date();
            FiddlerObject.StatusText = " CustomRules.js was loaded at: " + today

            // 顯示伺服器的IP
            FiddlerObject.UI.lvSessions.AddBoundColumn("ServerIP", 120,"X-HostIP");
            // 顯示客戶端的IP
            FiddlerObject.UI.lvSessions.AddBoundColumn("ClientIP", 120,"X-ClientIP");
```

圖 4-3 增加指令稿進行修改

編輯好指令稿後重新啟動 Fiddler，就可以在 Fiddler 中看到用戶端和伺服器的 IP 了，如圖 4-4 所示。

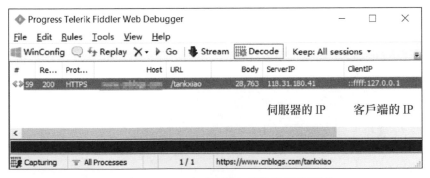

圖 4-4 在 Fiddler 中查看用戶端和伺服器的 IP

4.6 顯示回應時間

做性能測試時，我們有時想查看每個請求的回應時間。例如測試網頁、App 端和 H5 頁面的時候，測試人員需要知道每個請求的回應時間。

可以在 FiddlerScript 標籤中加入下面的程式來查看每個請求的回應時間。

```
function BeginRequestTime(oS: Session)
{
    if (oS.Timers != null)
    {
        return oS.Timers.ClientBeginRequest.ToString();
    }
    return String.Empty;
}
public static BindUIColumn("Time Taken")
function CalcTimingCol(oS: Session){
    var sResult = String.Empty;
    if ((oS.Timers.ServerDoneResponse > oS.Timers.ClientDoneRequest))
    {
        sResult = (oS.Timers.ServerDoneResponse - oS.Timers.
ClientDoneRequest).ToString();
    }
    return sResult;
}
```

保存指令稿後，重新啟動 Fiddler 工具，可以看到回應時間，如圖 4-5 所示。

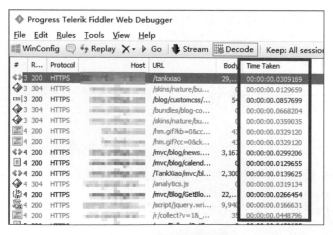

圖 4-5　顯示回應時間

透過 Fiddler 的 Statistics 選項也可以看到回應時間，如圖 4-6 所示，但是只能單一查看。而加入程式後，可以一眼看到所有的回應時間。

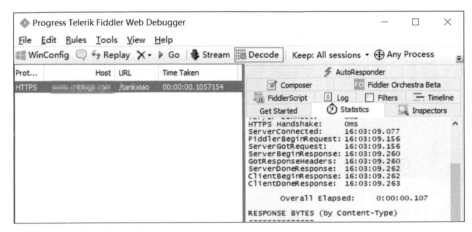

圖 4-6　查看回應時間的方法

4.7　讀寫本機 txt 檔案

可以在 FiddlerScript 中讀取 txt 檔案，還可以把抓到的資訊存入 txt 檔案，程式放在 OnBeforeRequest 中。

先引入命名空間 import System.IO;，其餘程式如下所示。

```
if(oSession.uriContains("www.c****s.com/TankXiao"))
{
    // 寫入txt檔案
    var txtPath = "c:\\tankfiddler\\tank.txt"
    var txtWrite = File.AppendText(txtPath);
    txtWrite.WriteLine("www.c****s.com/tankxiao");
    txtWrite.Close();
}
```

```
if(oSession.uriContains("www.c****s.com/TankXiao"))
{
    // 讀取txt檔案中的內容
    var txtPath = "c:\\tankfiddler\\tank.txt"
    var allNumbers = File.ReadAllLines(txtPath);
    // 彈窗提示
    FiddlerObject.alert(allNumbers);
}
```

4.8 保存請求

可以把捕捉的 HTTP 請求保存下來，然後在 OnBeforeRequest 中插入以下程式。

```
if(oSession.uriContains("www.c****s.com/TankXiao/p/8203819.html"))
{
    var sazFile="c:\\tankfiddler\\1.saz";
    var MysessionList : Session[] = [oSession];
    Utilities.WriteSessionArchive(sazFile, MysessionList,null,true)
}
```

4.9 重新發送請求

可以把保存好的 saz 檔案重新發送，然後在 OnBeforeRequest 中插入以下程式。

```
// 發送HTTP請求
if(oSession.uriContains("www.c****s.com/TankXiao2"))
{
```

```
    var sazFile="c:\\tankfiddler\\1.saz";
    var sessionList : Session[] = Utilities.ReadSessionArchive(sazFile, true);
    FiddlerApplication.oProxy.SendRequest(sessionList[0].oRequest.headers,
sessionList[0].requestBodyBytes, null);
}
```

4.10 本章小結

本章介紹了 Fiddler 中一個比較複雜的功能 FiddlerScript，並針對一些常見的使用場景提供了 FiddlerScript 程式。一般進階使用者會使用 FiddlerScript，如果 FiddlerScript 還不能滿足你的需要，那麼就需要給 Fiddler 開發外掛程式了。

◆ 4.10　本章小結

Chapter

05

常見的封包截取工具

除了 Fiddler 工具，還有別的工具可以封包截取。本章介紹其他幾個常見的封包截取工具。

5.1 常見的封包截取工具

目前常見的 HTTP 封包截取工具，如圖 5-1 所示。

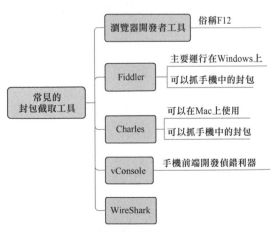

圖 5-1 常見的封包截取工具

5.2　瀏覽器開發者工具

瀏覽器都附帶一個開發者工具,該工具可用來封包截取,很受開發人員喜歡。瀏覽器開發者工具的受眾範圍比 Fiddler 的廣,因為它很方便,不需要做什麼設定。下面我們用 Chrome 瀏覽器來進行講解。

5.2.1　呼叫出開發者工具

呼叫出開發者工具的方式有以下幾種。

方式 1:按 F12 呼叫出(很多人把這個工具叫作 F12)。
方式 2:在瀏覽器中,點擊滑鼠右鍵,然後選擇「檢查」。
方式 3:在瀏覽器中,按快速鍵 Ctrl+Shift+I。

5.2.2　用 Chrome 測試網頁載入時間

使用 Chrome 的開發者工具測試網頁載入時間的操作步驟如下。

(1)打開 Chrome 瀏覽器,然後打開開發者工具,選中 Network 標籤。
(2)存取一個網址,開發者工具能捕捉所有的 HTTP 請求,如圖 5-2 所示。

從圖 5-2 中可以看出單一請求的回應時間,可以看到這個網頁發送了 49 個請求。整體網頁回應時間是 682ms,性能非常好。

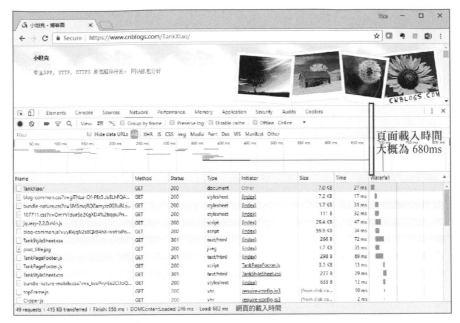

圖 5-2 網頁載入時間

5.2.3 用 Chrome 捕捉網站登入的 POST 請求

Chrome 開發者工具在封包截取時，如果頁面發生了跳躍，那麼它會把上一個頁面的 HTTP 請求清空。此時需要選中 Preserve log，以保留上次抓到的封包。

我們用 Chrome 來捕捉某網站的登入請求，該登入請求用的是 POST。具體步驟如下。

（1）在登入頁面中輸入使用者名稱和密碼，選中圖片驗證碼後，點擊「登入」按鈕。

（2）在開發者工具中可以看到登入時發送的一系列請求。

（3）選中 HTTP 請求，在 Headers 標籤中能看到該請求中的使用者名稱和密碼，如圖 5-3 所示。

圖 5-3　抓某網站登入的封包

5.2.4　用 Chrome 測試介面的回應時間

如圖 5-4 所示，Chrome 中會顯示每個請求的回應時間。

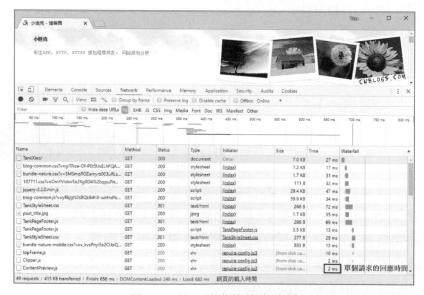

圖 5-4　單一請求的回應時間

5.2.5 過濾請求

因為可以操作的介面較小，尋找 HTTP 請求不方便，所以一般都需要用到過濾功能。

Chrome 開發者工具具有強大的過濾功能，可以讓使用者根據關鍵字來過濾，如圖 5-5 所示。

圖 5-5 根據關鍵字過濾

在 Filter 輸入框中輸入 method:POST，可以過濾 POST 方法的 HTTP 請求，如圖 5-6 所示。

圖 5-6 根據 HTTP 方法過濾

5.3 ▎ vConsole

微信小程式、手機版網頁 H5、手機 App 也需要偵錯 Bug，此時可以用第三方工具 vConsole 來完成。vConsole 是一個輕量、可拓展的、針對手機網頁的前端開發者偵錯面板。其用法和瀏覽器開發者工具差不多。vConsole 如圖 5-7 所示。

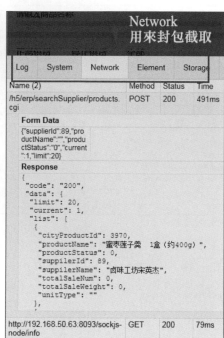

圖 5-7　vConsole 工具

5.4 ▎ Charles 封包截取工具

如果要在 macOS 中使用封包截取工具，我們可以使用 Charles。Charles 的工作原理與用法和 Fiddler 有點類似。

5.4.1 Charles 工具的安裝與使用方法

Charles 與其他工具的安裝過程大致相同，按照頁面提示操作即可。
Charles 安裝成功後，圖示是一個花瓶，因此俗稱青花瓷。Charles 是收
費軟體，如果不付費的話，每隔 30 分鐘，需要重新啟動 Charles。

5.4.2 在 Charles 中安裝根證書

在 Charles 中安裝根證書的步驟如下。

步驟 1 依次點擊功能表列中的 Help → SSL Proxying → Install Charles
Root Certificate，如圖 5-8 所示。

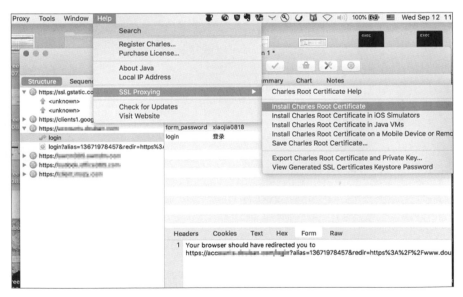

圖 5-8 安裝證書（1）

步驟2 這時候會彈出一個增加根證書介面,點擊 Add 按鈕,如圖 5-9 所示。

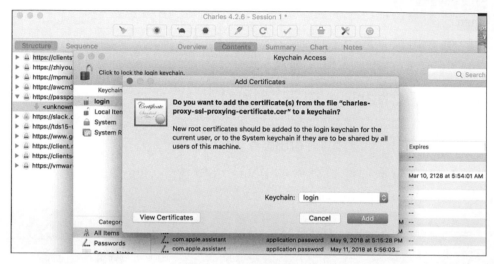

圖 5-9 安裝證書(2)

步驟3 證書增加成功,如圖 5-10 所示。

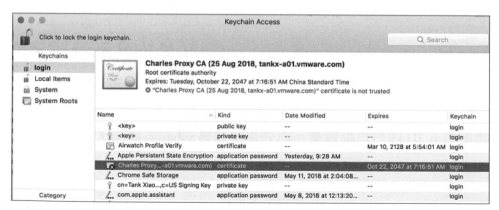

圖 5-10 證書增加成功

步驟 4 雙擊證書以打開證書簡介,把證書設定為信任,如圖 5-11 所示。

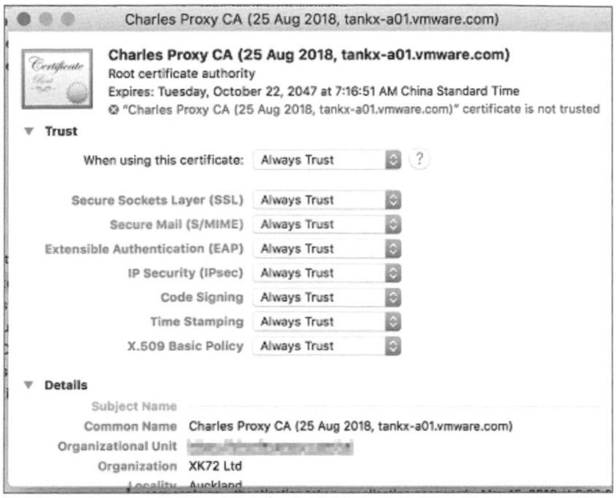

圖 5-11 證書設定為信任

5.4.3 Charles 設定規則

Charles 的設定規則如圖 5-12 所示。其中:

- Host 為設定域名,* 表示任意匹配;
- Port 為網頁瀏覽通訊埠編號,這裡填 443。

圖 5-12 設定規則

5.4.4　用 Charles 捕捉網站登入的請求

打開 Charles，再用瀏覽器打開某網站並登入。找到登入的 HTTP 請求，
可以看到登入時發送的使用者名稱和密碼，如圖 5-13 所示。

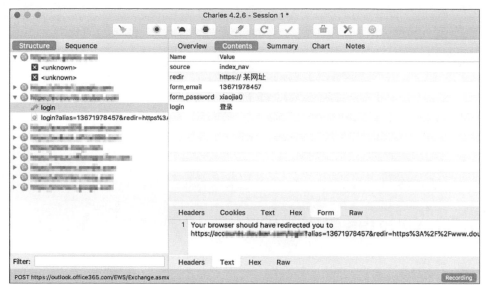

圖 5-13　捕捉某網站的登入請求

5.5　Wireshark 封包截取工具

Wireshark 是非常流行的網路封包分析軟體，功能十分強大。它可以截
取各種網路封包，顯示網路封包的詳細資訊。它是一個跨平台的軟體，
可以在 UNIX 系列、Linux、macOS、Windows 等多個平台上進行網路
通訊協定的封包截取工作。同時，它也是一個開放原始碼軟體。如果想
捕捉 TCP 3 次驗證協定，就應該使用 Wireshark。

Wireshark 的封包截取原理是偵測網路卡,因此 Wireshark 只能查看資料封包,不能修改資料封包。

5.5.1 用 Wireshark 捕捉 HTTP

Wireshark 捕捉 HTTP 的步驟如下。

步驟 1 啟動 Wireshark,此時會出現很多網路連接,選擇一個正在使用的網路連接,如圖 5-14 所示。

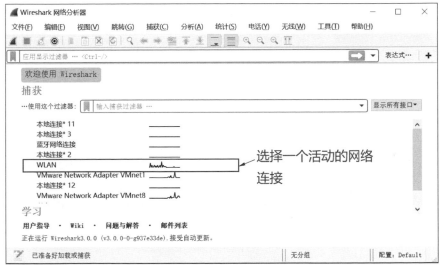

圖 5-14 選擇網路卡

步驟2 輸入過濾條件 "HTTP"，這樣就只捕捉 HTTP。在瀏覽器中造訪 http://files-cdn. c****s.com/files/TankXiao/http.bmp，Wireshark 能捕捉到 HTTP 的封包。HTTP 請求和 HTTP 回應是分開的，HTTP 請求有個向右的箭頭，HTTP 回應有個向左的箭頭，如圖 5-15 所示。

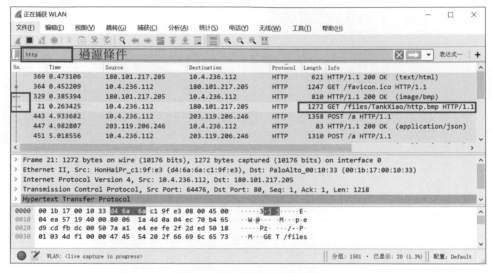

圖 5-15 抓 HTTP 封包

步驟3 選擇 HTTP 請求，按右鍵並依次選擇「追蹤流」→「TCP 流」，如圖 5-16 所示。

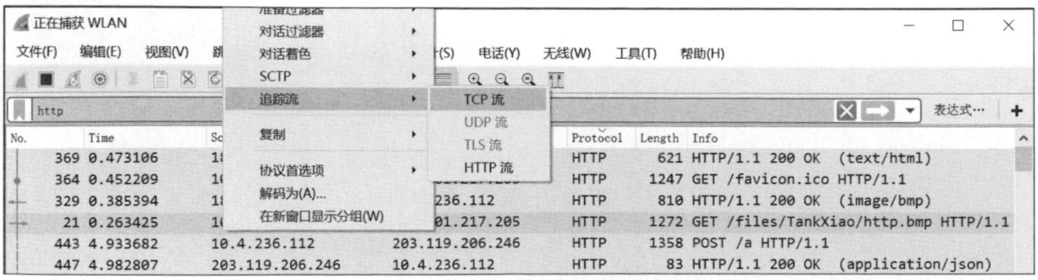

圖 5-16 選擇「追蹤流」

步驟 4 打開一個對話方塊,可以看到完整的 HTTP 請求和 HTTP 回應,
如圖 5-17 所示。

圖 5-17 查看完整的 HTTP 請求和 HTTP 回應

5.5.2 用 Wireshark 捕捉 HTTPS

Fiddler 和 Charles 都需要安裝證書後才能捕捉 HTTPS,用 Wireshark 捕
捉 HTTPS 更麻煩。

某些瀏覽器支援將 TLS 階段使用的對稱金鑰保存在外部檔案中,以供
Wireshark 加密使用。本節測試使用的是 Chrome 71 版本和 Wireshark
5.0 版本。捕捉步驟具體如下。

步驟 1 設定系統變數。變數名稱為 SSLKEYLOGFILE，變數值為 C:\
ssl_key\sslog.log，如圖 5-18 所示。注意副檔名一定要用 log，這樣瀏覽
器和伺服器 SSL 協商的金鑰資訊才會儲存到檔案中。

圖 5-18　新建環境變數

步驟 2 在 CMD 中運行以下命令。

```
"C:\Program Files (x86)\Google\Chrome\Application\chrome.exe" --ssl-key-log-
file=c:\ssl_key\sslog.log
```

運行成功後可以看到金鑰檔案已生成，如圖 5-19 所示。

圖 5-19　金鑰檔案

步驟 3 在 Wireshark 中設定金鑰檔案，依次選擇「編輯」→「首選項」
→ Protocols → TLS，如圖 5-20 所示。

步驟 4 重新啟動 Chrome，然後在 Chrome 中造訪 https://www.c****s.
com/tankxiao，此時就可以抓到 HTTPS 的封包了，如圖 5-21 所示。

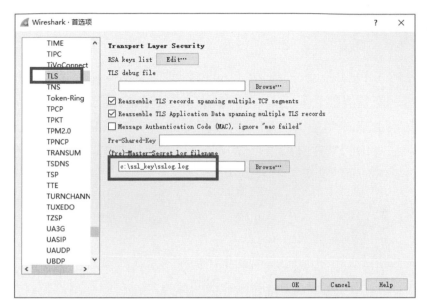

圖 5-20 設定金鑰檔案

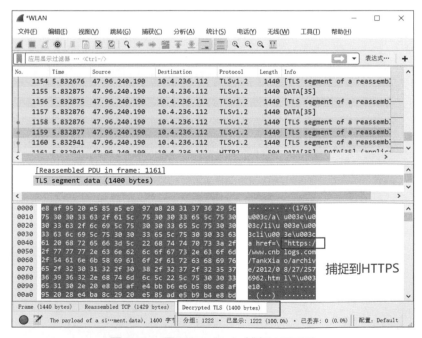

圖 5-21 用 Wireshark 捕捉 HTTPS

5.6 本章小結

本章介紹了 Fiddler 之外其他常見的封包截取工具。平常封包截取用得最多的是瀏覽器開發者工具。在 Windows 上封包截取首選 Fiddler，在 Mac 電腦上無法使用 Fiddler，可以用 Charles。Fiddler 和 Charles 是專門用來捕捉 HTTP/HTTPS 的。Wireshark 主要用來抓 TCP/UDP 或其他協定的封包，而不會用來抓 HTTP。

Chapter

06

用 Python 發送 HTTP 請求

除了透過常見的 Postman 和 JMeter 工具發送封包，我們也會經常使用程式語言來發送封包。Java、C# 和 Python 都可以發送 HTTP請求。

用 Python 發送 HTTP 請求的時候，一定要關注發出去的 HTTP 請求的內容，而非關注 HTTP 回應。

6.1 requests 框架介紹

requests 是用 Python 實現的簡單好用的 HTTP 用戶端函數庫，可以用來發送 HTTP 請求，非常簡潔。它常用於編寫爬蟲和介面測試。

可以使用 Python+requests 的方法來發送 HTTP 請求和分析 HTTP 回應，如圖 6-1 所示。

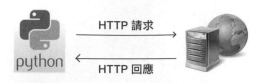

圖 6-1 用 Python 發送 HTTP 請求

6.1.1 在 pip 中安裝 requests 框架

在安裝 Python 的時候，同時安裝好了 pip。要想安裝 requests 框架，可在 CMD 中執行下面的命令，結果如圖 6-2 所示。

```
pip install requests
```

圖 6-2 在 CMD 中安裝 requests 框架

6.1.2 在 PyCharm 中安裝 requests 框架

在 PyCharm 中安裝 requests 框架的步驟如下。

步驟1 打開 PyCharm，在功能表列中選擇 File → Settings。

步驟2 在彈出的對話方塊中，選擇左側的 Project Interpreter 選項，在視窗右側選擇 Python。

步驟3 點擊加號按鈕增加第三方函數庫。

步驟4 輸入第三方函數庫名稱 requests，選中需要下載的函數庫。

步驟 5 選中 Install to user's site packages directory 核取方塊（如果沒有這個核取方塊就不需要選中），然後點擊 Install Package 按鈕，操作過程如圖 6-3 所示。

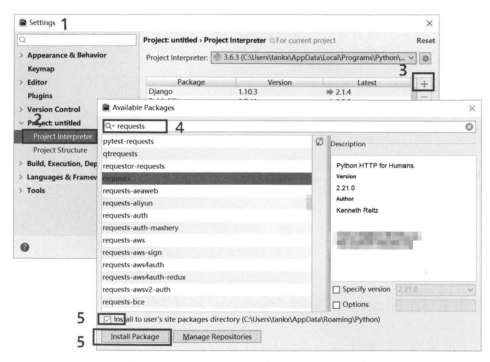

圖 6-3　在 PyCharm 中安裝 requests 框架

6.2　發送 GET 請求

發送 GET 請求，如下所示。

```
import requests


url = "http://www.c****s.com/tankxiao"
```

```
resp = requests.get(url)
print(resp.text)
```

requests.get() 給目標網站發送一個 GET 的 HTTP 請求，返回的是一個
HTTP 回應類型。我們以前經常用 Fiddler 封包截取，知道 HTTP 回應分
為 3 個部分，分別為首行、資訊表頭和資訊主體。可以把整個 HTTP 回
應的內容列印出來，其程式如下。

```
import requests

url = "http://www.c****s.com/tankxiao"
resp = requests.get(url)
print(resp.text) # 文字形式列印網頁原始程式
print(resp.status_code) #列印狀態碼
print(resp.url) #列印URL
print(resp.headers) #列印資訊表頭
print(resp.cookies) #列印Cookie
```

6.2.1 用 Fiddler 捕捉 Python 發出的 HTTP 請求

為了清楚地看到 Python 發出的 HTTP 請求，我們可以用 Fiddler 來捕捉
Python，在 Python 程式中增加一個代理就可以了，程式如下。

```
import requests

pro = {"http":"http://127.0.0.1:8888","https":"https://127.0.0.1:8888"}
url = "http://www.cnblogs.com/tankxiao"
resp = requests.get(url, proxies=pro)
print(resp.text)
```

把 Fiddler 作為代理伺服器，這樣 Fiddler 就能捕捉 Python 發出的 HTTP
請求了，如圖 6-4 所示。

圖 6-4 用 Fiddler 捕捉 HTTP 請求

啟動 Fiddler，就可以看到 Python 發出的 HTTP 請求，如圖 6-5 所示。

圖 6-5 用 Fiddler 截獲 HTTP 請求

建議初學者一定要用 Fiddler 來抓 Python 發出的 HTTP 請求，這樣你就能看到 Python 發出去的是什麼樣的 HTTP 請求，以及 HTTP 回應是什麼樣子的。後續程式每次都會使用 Fiddler 來封包截取，就是為了觀察 Python 發出去的 HTTP 請求。

6.2.2　發送 HTTPS 請求

HTTPS 是加密了的 HTTP，造訪 httpS 的網站的程式如下。

```
import requests

url = "https://www.b****u.com/"
resp = requests.get(url)
print(resp.text)
```

運行之後，有可能會得到下面的顯示出錯資訊。

```
ssl.SSLError: [SSL: CERTIFICATE_VERIFY_FAILED] certificate verify failed
(_ssl.c:777)
```

簡單的解決辦法是加一個參數 verify=False 來關閉證書驗證。

```
import requests

url = "https://www.b****u.com/ "
resp = requests.get(url, verify=False)
print(resp.text)
```

再次運行，就不會有 SSL 的錯誤了。

6.2.3　發送帶有參數的 GET 請求

第一種發送帶有參數的 GET 請求的方法為直接將參數放在 URL 內。

```
import requests

pro = {"http":"http://127.0.0.1:8888","https":"https://127.0.0.1:8888"}
url = "http://www.cnblogs.com/TankXiao/default.html?page=2"
resp = requests.get(url, proxies=pro)
print(resp.text)
```

第二種方法是先將參數寫到 data 中，發起請求時將 params 參數指定為
data。

```
import requests

pro = {"http":"http://127.0.0.1:8888","https":"https://127.0.0.1:8888"}
data = {'page': 2}
url = "http://www.cnblogs.com/TankXiao/default.html"
resp = requests.get(url,params=data, proxies=pro)
print(resp.text)
```

使用上述兩種方式發送請求時，Fiddler 封包截取的結果如下所示。從中
可以看出，兩種方式發送出去的 HTTP 請求是相同的。

```
GET http://www.c****s.com/TankXiao/default.html?page=2 HTTP/1.1
Host: www.c****s.com
User-Agent: python-requests/2.19.1
Accept-Encoding: gzip, deflate
Accept: */*
Connection: keep-alive
```

注意用 Python 發送 HTTP 請求的時候，一定要關注發出去的 HTTP 請
求，而非關注 HTTP 回應。

6.2.4 發送帶資訊表頭的請求

很多網站會驗證資訊表頭，例如存取知乎首頁時。

```
import requests

pro = {"http":"http://127.0.0.1:8888","https":"https://127.0.0.1:8888"}
url = "https://www.z****u.com"
resp = requests.get(url,verify=False, proxies=pro)
print(resp.text)
```

結果伺服器返回 400 錯誤，因為伺服器發現 User-Agent 資訊表頭不正常。返回的結果如下所示。

```
<html>
    <head><title>400 Bad Request</title></head>
        <body bgcolor="white">
            <center><h1>400 Bad Request</h1></center>
        <hr><center>openresty</center>
    </body>
</html>
```

增加資訊表頭的程式如下。

```
import requests

pro = {"http":"http://127.0.0.1:8888","https":"https://127.0.0.1:8888"}
url = "https://www.z****u.com"
hea = {'User-Agent':'Mozilla/5.0 (Windows NT 10.0; WOW64)
AppleWebKit/537.36 (KHTML, like Gecko) Chrome/57.0.2987'}
resp = requests.get(url,verify=False ,headers=hea, proxies=pro)
print(resp.text)
```

運行程式後，可以成功獲取知乎首頁的回應。

發送出去的 HTTP 請求如下，可以看到增加了 User-Agent 資訊表頭。

```
GET https://www.z****u.com/ HTTP/1.1
Host: www.z****u.com
User-Agent: Mozilla/5.0 (Windows NT 10.0; WOW64) AppleWebKit/537.36 (KHTML,
like Gecko) Chrome/57.0.2987
Accept-Encoding: gzip, deflate
Accept: */*
Connection: keep-alive
```

6.3 發送 POST 請求

POST 請求是有資訊主體（body）的，先介紹兩種常見的 POST 請求。

6.3.1 發送普通 POST 請求

普通 POST 請求的發送比較簡單。與發送 GET 請求相比，參數除了
URL，還需要資訊主體。下面以某網站的登入請求為例，發送普通
POST 請求的程式如下。

```
import requests

pro = {"http":"http://127.0.0.1:8888","https":"https://127.0.0.1:8888"}
bodyData = {'username': 'tank','password':'tanktest1234'}
url = "http://123.206.30.76/clothes/index/login"
resp = requests.post(url,data=bodyData, proxies=pro)
print(resp.text)
```

發送出去的 HTTP 請求具體如下。

```
POST http://123.206.30.76/clothes/index/login HTTP/1.1
Host: 123.206.30.76
User-Agent: python-requests/2.19.1
Accept-Encoding: gzip, deflate
Accept: */*
Connection: keep-alive
Content-Length: 35
Content-Type: application/x-www-form-urlencoded

username=tank&password=tanktest1234
```

6.3.2 發送 JSON 的 POST 請求

發送 JSON 的 POST 請求指的是參數主體中的資料是 JSON 格式的。下面以某網站的登入請求為例,程式如下。

```
import requests
import json


pro = {"http":"http://127.0.0.1:8888","https":"https://127.0.0.1:8888"}
hea = {'Content-Type':'application/json'}
bodyData = {'username': 'tank','password':'tanktest1234'}
url = "http://123.206.30.76/clothes/index/login"
resp=requests.post(url,headers=hea,data=json.dumps(bodyData),proxies=pro)
print(resp.text)
```

發出去的 HTTP 請求具體如下。

```
POST http://123.206.30.76/clothes/index/login HTTP/1.1
Host: 123.206.30.76
User-Agent: python-requests/2.19.1
Accept-Encoding: gzip, deflate
Accept: */*
Connection: keep-alive
Content-Type: application/json
Content-Length: 48

{"username": "tank", "password": "tanktest1234"}
```

注意:JSON 格式需要增加一個資訊表頭——Content-Type: application/json。

6.4 階段維持

Cookie 可以用於保持登入，做階段維持。JMeter 中的 HTTP Cookie 管理器也可用於自動管理 Cookie。在 Python 中使用 requests.session() 也可以實現自動保持 Cookie。

```python
import requests

pro = {"http":"http://127.0.0.1:8888","https":"https://127.0.0.1:8888"}
s = requests.session()
bodyData = {'username': 'tank','password':'tanktest1234'}
url = "http://123.206.30.76/clothes/index/login"
resp = s.post(url,data=bodyData, proxies=pro)
print(resp.text)
```

6.5 用 Python 發送各種請求

除了發送 GET 和 POST 請求，Python 還可以發送其他請求，具體如下。

```python
import requests

requests.get('http://tankxiao.cnblogs.com')
requests.post('http://tankxiao.cnblogs.com')
requests.put('http://tankxiao.cnblogs.com')
requests.delete('http://tankxiao.cnblogs.com')
requests.head('http://tankxiao.cnblogs.com')
requests.options('http://tankxiao.cnblogs.com')
```

6.6　用 Python 下載檔案

下載一個檔案的具體想法如下。

步驟 1　需要知道檔案的真實位址，並且記住檔案的副檔名。

步驟 2　用 requests 獲取檔案。

步驟 3　用 write 函數將返回的 response.content 寫入檔案，模式選擇 wb。

6.6.1　用 Python 下載圖片

HTTP 回應的 content 屬性可以用來下載檔案，程式如下。

```
import requests


imgUrl = 'http://ima****gs.com/blog/263119/201712/263119-20171229114910100-
1403599441.jpg'
resp = requests.get(imgUrl)
with open('tankxiao.jpg', 'wb') as f:
    f.write(resp.content)
print('下載完成')
```

6.6.2　用 Python 下載視訊

下載視訊和下載圖片類似，只要副檔名正確即可，理論上只要有檔案的真實位址，所有的檔案都可以透過 requests 來下載，當然也包括小視訊。下載程式如下。

```
import requests


src = 'http://qrcode-****.com/sfdgfdyhtbcnhgjgm.mp4'
resp = requests.get(src)
```

```
with open('movie.mp4', 'wb') as f:
    f.write(resp.content)
print('下載完成')
```

6.7 本章小結

本章介紹了用來發送 HTTP 請求的 Python+requests 框架,列舉了使用
此框架發送 POST 請求、GET 請求和其他各種請求的方法,還介紹了用
Fiddler 來捕捉 Python 發出來的 HTTP 請求的方法。此外,本章列出了
下載檔案的應用實例。以上所有內容均提供了參考的 Python 程式。

◆ 6.7　本章小結

用正規表示法提取資料

在測試介面或編寫爬蟲時，要提取資料就一定會用到正規表示法。

7.1 正規表示法測試工具

寫好的正規表示法，先用「正規表示法測試器」測試一下是否正確，然後在 JMeter 中或 Python 中使用。

7.2 利用正規表示法提取資料

正規表示法中的「貪婪與懶惰」可以匹配任意數量的重複，其運算式為 ".*?"。例如來源字串是：onclick="onCancel('B19031315223961416097')"。要提取其中的訂單字串 B19031315223961416097，那麼正規表示法就是

onclick="onCancel('(.*?)')"，因為括號需要逸出，所以應該寫成 onclick=
"onCancel\('(.*?)'\)"。

7.3 提取訂單號

存取「我的訂單」頁面，如圖 7-1 所示。可以看到頁面上有很多訂單。
介面測試經常需要提取其中的訂單號。訂單號是動態變化的，不同的使
用者訂單號不一樣，所以需要用正規表示法來提取。

圖 7-1「我的訂單」頁面

網頁的 HTML 原始程式就是來源文字，正規表示法為 onCancel\
('(.*?)'\)，如圖 7-2 所示。

圖 7-2 取消訂單的正規表示法

我們根據狀態來獲取訂單號。圖 7-3 所示的訂單有兩種狀態：一種是沒有取消的訂單；另一種是已經取消的訂單，取消訂單的下一個操作是刪除訂單。

圖 7-3 刪除訂單和取消訂單的不同

要認真觀察「刪除訂單」的訂單和「取消訂單」的訂單這兩者之間有什麼不同，刪除訂單的正規表示法為 onDelete\('(.*?)'\)，如圖 7-4 所示。

圖 7-4 刪除訂單的訂單號

7.4 提取 token 字串

某些 App 是用 token 字串作為認證的，登入的時候發送使用者名稱和密碼給伺服器，伺服器返回的 HTTP 回應中有 token 字串。舉例來說，下面這段 HTTP 回應中就有 token 字串。

```
HTTP/1.1 200 OK
Content-Type: application/json; charset=utf-8
Connection: keep-alive
```

{"user":{"user_key":"494d00f8","user_name":"tankxiao1"}, "token": "WWqpxWWJQ8AH34pvF7G4jsTuRew2KszA"}

我們需要用正規表示法提取這個 token 字串。正規表示法為 token": "(.*?)"，如圖 7-5 所示。

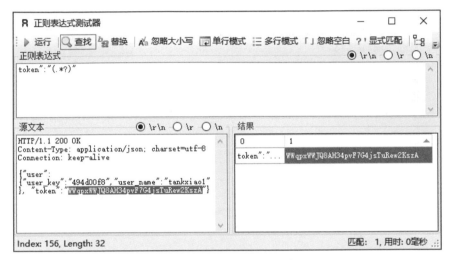

圖 7-5　提取 token 字串

7.5　從 JSON 字串中提取

HTTP 回應返回了一段 JSON 字串，如下所示。

{"status":1, "url":"/payment.aspx?order_no=B190319153350716133262", "msg": "恭喜您，訂單已成功提交！"}

需要把字串中的訂單號提取出來，正規表示法是 order_no=(.*?)"，如圖 7-6 所示。

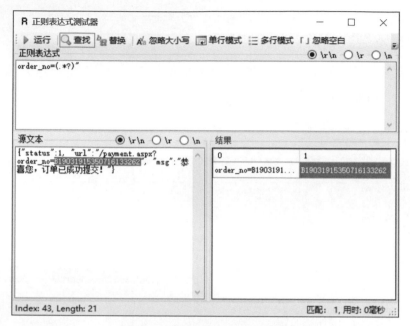

圖 7-6 從 JSON 字串中提取

7.6 提取 Cookie 字串

很多網站採用的是 Cookie 認證，HTTP 回應如下。

```
HTTP/1.1 200 OK
Content-Type: application/json; charset=utf-8
Set-Cookie: dbcl2="9468548:s3v24NSGB58"; path=/; domain=.douban2.com; httponly
```

可以看到 Cookie 在資訊表頭中，我們需要把 dbcl2 的值從中提取出來，
正規表示法可以這樣寫：dbcl2="(.*?)"，如圖 7-7 所示。

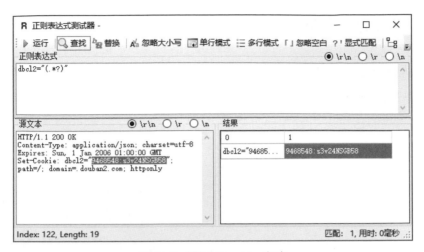

圖 7-7 提取 Cookie 字串

<div style="background:#333;color:#fff;display:inline-block;padding:4px 8px;">7.7</div> **爬蟲提取資料**

很多爬蟲也會使用正規表示法去提取資料，例如在爬取房產網站上的
資料時，想把房子的面積和單價資料給提取出來，會用到正規表示法：
<span> 單價 (.*?)</span>，如圖 7-8 所示。

圖 7-8 提取房子的單價資料

7.8　本章小結

本章列舉了使用正規表示法 ".*?" 提取訂單號、token 和 Cookie 字串等
使用場景的實例。作為軟體測試人員，我們平常使用較多的正規表示法
就是 ".*?"，它可以用於大部分場景。

HTTP 的 9 種請求方法

除了 GET 和 POST 方法，本章將介紹其他請求方法。

8.1 HTTP 常見的 9 種請求方法

HTTP 常見的請求方法如圖 8-1 所示。

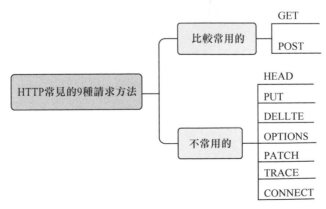

圖 8-1 HTTP 的 9 種請求方法

8.2　HTTP 冪等性

冪等（idempotent）是數學術語。對於單一輸入，如果每次的結果都相同，那麼這種特性稱為冪等性。

HTTP 中的冪等是指對同一個介面進行多次存取，得到的資源是相同的。

冪等性源於數學，後來延伸到電腦領域。它是指函數可以使用相同參數重複執行，並能獲得相同結果。這些函數不會影響系統狀態，也不用擔心重複執行會對系統造成改變。也就是說，冪等就是同一個請求，發送一次和發送 N 次的效果是一樣的。

對一次訂單支付過程，如果系統沒有冪等性，當使用者重複多次點擊支付按鈕時，就會出現多次扣款的情況，給使用者帶來較大的經濟損失。舉例來說，在網路異常的情況下，訂單已經支付成功了，但是系統沒有及時回饋給使用者；此時使用者再次點擊支付按鈕，系統可能會重複扣款。

8.3　9 種請求方法的特性

在 99% 的情況下我們只用到了 GET 和 POST 方法。如果想要設計一個符合 RESTful 規範的 Web 應用程式，可能會用到其他方法。表 8-1 列出了這些方法的特徵。

表 8-1 9 種請求方法的特徵

	GET	POST	PUT	HEAD	DELETE	OPTIONS	CONNECT	PATCH	TRACE
請求是否有資訊主體	否	是	是	否	可以有	否	否	是	否
成功的回應是否有資訊主體	是	是	否	否	可以有	否	是	否	否
安全	是	否	否	是	否	是	否	否	否
冪等	是	否	是	是	是	是	否	否	是
快取	是	可能	否	是	否	否	否	否	否
是否支持 HTML 表單	是	是	否	否	否	否	否	否	否

GET 方法就是從資料庫中查詢資料，POST 是往資料庫裡面寫入資料，涉及增改資料。從這方面來說 GET 是安全的，POST 不安全。但是在傳輸的過程中 POST 比 GET 安全。

8.4　HTTP 和資料的增刪改查操作的對應關係

對資料的操作一般是增刪改查（CRUD），如表 8-2 所示。

表 8-2 與 HTTP 方法對應的資料庫操作

HTTP 方法	資源操作	作用	冪等	安全
GET	SELECT	查	是	是
POST	INSERT	增	否	否
PUT	UPDATE	改	是	否
DELETE	DELETE	刪	是	否

8.5　PUT 方法

PUT 方法和 POST 方法在語法上來講是一樣的。HTTP 請求中有資訊主體。PUT 用於新增資源或使用請求中的有效負載替換目標資源的表現形式，程式如下。

```
PUT /new.html HTTP/1.1
Host: example.com
Content-type: text/html
Content-length: 16


<p>New File</p>
```

如果使用 PUT 方法成功創建了一份之前不存在的目標資源，那麼源頭伺服器必須返回 201 (Created) 來通知用戶端資源已創建，程式如下。

```
HTTP/1.1 201 Created
Content-Location: /new.html
```

如果目標資源已經存在，並且依照請求中封裝的表現形式成功進行了更新，那麼源頭伺服器必須返回 200 (OK) 或 204 (No Content) 來表示請求已成功完成，程式如下。

```
HTTP/1.1 204 No Content
Content-Location: /existing.html
```

8.5.1　POST 方法和 PUT 方法的區別

從語法上來説，POST 和 PUT 是一樣的，HTTP 的請求結構中都有資訊主體，但是它們在語義上有基本的差異。此外，在 HTTP 中，PUT 是冪等的，POST 則不是，這是一個很重要的區別。

GET 和 DELETE 也是冪等操作。GET 請求是冪等操作，這個很好瞭解，對資源做查詢，無論執行幾次，結果都一樣。對於 DELETE 操作的冪等性可以這樣瞭解，多次執行同一個 DELETE 操作，即對同一個資源分別進行多次刪除操作，每次操作的結果都是將該資源刪除。

POST 不是冪等操作。這是因為多次呼叫同一個 POST 請求，每次都會新增一份相同的資源，最終會增加多個資源；與執行一次 POST 請求結果不同。

PUT 是冪等操作，第一次請求會新建一份新的資源，第二次請求會修改資源，而不會新建資源。

8.5.2 PUT 方法和 POST 方法的選擇

需要根據不同的使用場景來決定使用 PUT 方法還是 POST 方法。假如發送兩個同樣的 http://www.c****s.com/tankxiao/pos 請求，伺服器端會如何反應？如果需要打開兩個網誌網頁，那麼應該用 POST。如果只想打開一個網誌網頁，那麼就應該使用 PUT。

8.6 DELETE 方法

用戶端告訴伺服器需要刪除哪個資源。例如請求：DELETE /tankxiao.html HTTP/1.1。

如果 DELETE 方法成功執行，那麼可能會有以下幾種狀態碼：

- 狀態碼 200 (OK) 表示操作已執行，並且在回應中提供了相關狀態的描述資訊；

■ 狀態碼 202 (Accepted) 表示請求的操作可能會成功執行，但是尚未開始執行；

■ 狀態碼 204 (No Content) 表示操作已執行，但是無進一步的相關資訊。

執行 DELETE 方法並返回 200 的 HTTP 回應如下所示。

```
HTTP/1.1 200 OK
Date: Wed, 21 Oct 2015 07:28:00 GMT

<html>
  <body>
    <h1>File deleted.</h1>
  </body>
</html>
```

8.7　HEAD 方法

在應用中，有的時候會檢查某個檔案或某張圖片是否存在，但是並不真正下載，特別是檔案比較大的時候，這個時候就可以用 HEAD 方法了。在下載一個大檔案前先得知其大小再決定是否要下載，這樣可以節省頻寬資源。

如果使用 HEAD 方法，HTTP 回應是沒有資訊主體的。如果回應狀態碼是 200，則說明存取的檔案存在；如果回應的狀態碼是 404，則說明文件不存在。

實例：某資源的 URL 是 https://it***d.com/12375396.html，用 Fiddler 中的 Composer 發送一個 HTTP 請求，並且使用 HEAD 方法，如圖 8-2 所示。

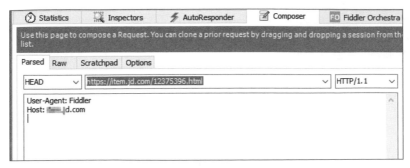

圖 8-2 發送 HEAD 請求

回應中沒有主體，狀態碼是 200，說明這個資源存在。我們可以透過 Content-Type 知道這是哪種類型的物件，透過 Content-Length 知道該資源的大小，如圖 8-3 所示。

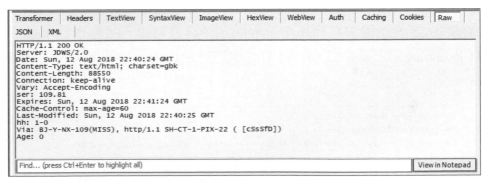

圖 8-3 回應封包

8.8 OPTIONS 方法

OPTIONS 方法很有趣，但極少使用。它可以獲取當前 URL 所支援的方法。若請求成功，HTTP 回應表頭中可能會包含一個名為 Allow 的表頭，值是所支持的方法，如 GET、POST。OPTIONS 方法如圖 8-4 所示。

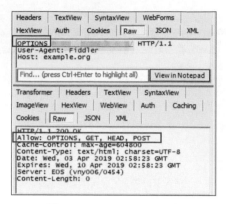

圖 8-4　OPTIONS 方法

8.9　CONNECT 方法

CONNECT 方法要求在代理伺服器通訊時建立隧道，用隧道協定進行
TCP 通訊。它主要使用 SSL 和 TLS 協定把通訊內容加密後再經網路隧
道傳輸。

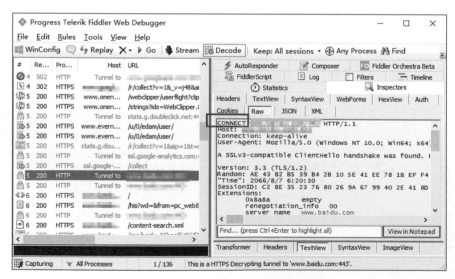

圖 8-5　CONNECT 方法

用 Fiddler 抓 HTTPS 的時候，會經常抓到 CONNECT 方法的 HTTP 請求，如圖 8-5 所示。

CONNECT 方法對封包截取沒太大幫助，因此一般都需要在 Fiddler 中把 CONNECT 方法中的 HTTP 請求隱藏。隱藏的方法是，在 Fiddler 中選擇 Rules → Hide CONNECTs。

8.10 PATCH 方法

請求方法 PATCH 用於對資源進行部分修改。

```
PATCH /file.txt HTTP/1.1
Host: www.t****o.com
Content-Type: application/example
If-Match: "e1223aa4e"
Content-Length: 100


[tank change something]
```

204 狀態碼表示這是一個操作成功的回應，因為回應中不帶有資訊主體。

```
HTTP/1.1 204 No Content
Content-Location: /file.txt
ETag: "e1223aa4f"
```

8.11 TRACE 方法

TRACE 方法是為了實現連通向目標資源的路徑的訊息環回（loopback）測試而提供的一種 debug 機制。由於 TRACE 方法使伺服器原樣返回任何用戶端請求的內容,所以惡意攻擊者可能會透過這種方法獲得某些資訊並進行惡意攻擊,給網站帶來風險。因此,大部分網站會禁止 TRACE 方法。圖 8-6 為 TRACE 方法的範例。

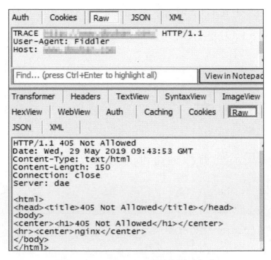

圖 8-6 TRACE 方法被禁止

8.12 本章小結

本章介紹了 HTTP 中常見的 9 種請求方法。平常工作中 99% 的情況下只會用到 GET 和 POST 方法,其他幾種 HTTP 請求方法使用場景比較少,讀者對它們有個大概了解即可。

Chapter

09

內容類別

內容類別（Content-Type）也叫 MIME 類型，在 HTTP 中，我們使用 Content-Type 來表示 HTTP 請求或 HTTP 回應中的媒體類型資訊。

9.1 Content-Type 介紹

Content-Type 是 HTTP 請求封包和回應封包中非常重要的內容，它用來表示請求和回應中資訊主體的文字格式，如圖 9-1 所示。

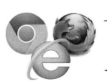

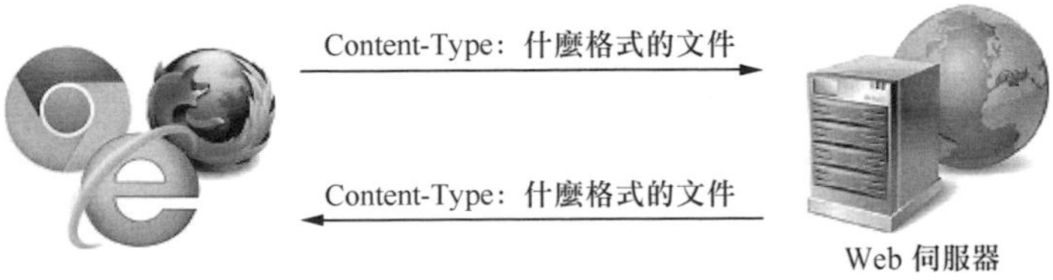

Content-Type：什麼格式的文件
Content-Type：什麼格式的文件
Web 伺服器

圖 9-1 內容類別的表頭

在 HTTP 請求和 HTTP 回應中都有 Content- Type，如圖 9-2 所示。

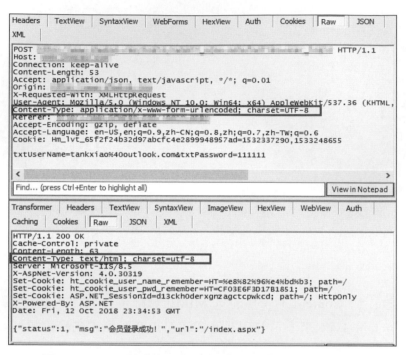

圖 9-2 HTTP 請求和 HTTP 回應中都有 Content-Type

HTTP 請求中有一個表頭（header）叫 Content-Type。瀏覽器透過 Content-Type 告訴 Web 伺服器，瀏覽器發送的是什麼格式的文件。

HTTP 回應中也有一個表頭叫 Content-Type，Web 伺服器透過 Content-Type 告訴瀏覽器，Web 伺服器發送的是什麼格式的文件。

9.1.1 Content-Type 的格式

Content-Type 的格式為 type/subtype，如 Content-Type: text/html;charset= utf-8。其中，type 表示主類型，例如 text 代表文字類型格式；image 代表圖片類型格式；* 代表所有類型；subtype 表示子類型，如 html。我們還可以增加可選參數，例如 charset=utf-8。

9.1.2 常見的 Content-Type

常見的 Content-Type 如圖 9-3 所示。

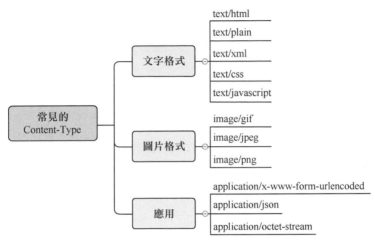

圖 9-3 常見的 Content-Type

9.2 POST 提交資料的方式

HTTP/1.1 協定規定的 HTTP 請求的方法有 OPTIONS、GET、HEAD、POST、PUT、DELETE、PATCH、TRACE、CONNECT 這幾種。其中 POST 一般用來向伺服器端提交資料。本節主要討論 POST 提交資料的幾種方式。

HTTP 請求分為 3 個部分：首行、資訊表頭、資訊主體，如圖 9-4 所示。

協定規定 POST 提交的資料必須放在資訊主體中，但協定並沒有規定資料必須使用哪種編碼方式。實際上，開發者完全可以自己決定資訊主體的格式，只要最後發送的 HTTP 請求滿足上面的格式即可。

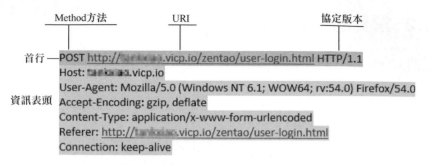

圖 9-4　HTTP 請求的 3 個部分

資料發送出去後，伺服器端解析成功才有意義。一般的伺服器端語言（如 Java、Python 等）以及它們的框架，都內建了自動解析常見資料格式的功能。伺服器端通常是根據資訊表頭中的 Content-Type 欄位來獲知請求中的資訊主體是用何種方式編碼，再對資訊主體進行解析。POST 提交資料方式包含了內容類別和資訊主體編碼方式兩部分。下面就正式開始介紹它們。

9.3　3 種常見的 POST 提交資料的方式

3 種常見的 POST 提交資料的方式如圖 9-5 所示。

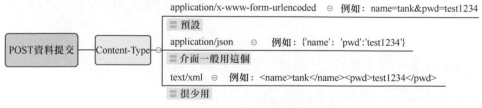

圖 9-5　POST 提交資料的方式

9.3.1 application/x-www-form-urlencoded

application/x-www-form-urlencoded 是最常見的 POST 提交資料的方式之一，也是預設的 POST 提交資料的方式。

瀏覽器的原生表單，如果不設定 enctype 屬性，那麼最終就會用預設的 application/x-www- form-urlencoded 方式提交資料。請求類似於下面這樣（無關的資訊表頭都已省略）。

```
POST http://www.c****s.com/tankxiao HTTP/1.1
Content-Type:application/x-www-form-urlencoded;charset=utf-8

username=tankxiao%40outlook.com&password=test1234
```

首先，Content-Type 被指定為 application/x-www-form-urlencoded。 其次，提交的資料按照 key1=val1&key2=val2 的方式進行編碼，key 和 val 都進行了 URL 轉碼。舉例來説，@ 就被 URL 轉碼為 %40。

9.3.2 application/json

application/json 作為回應表頭大家肯定不陌生。實際上，現在越來越多的人把它作為請求表頭，用來告訴伺服器端訊息主體是序列化後的 JSON 字串。由於 JSON 規範的流行，所以除了低版本 IE 之外的大部分瀏覽器原生支援 JSON，伺服器端語言也有處理 JSON 的函數。

"Content-Type: application json" 作為請求表頭的範例如下。

```
POST http://www.c****s.com/tankxiao HTTP/1.1
Content-Type:application/json;charset=utf-8

{"username":"tankxiao@outlook.com","password":"test1234"}
```

透過這種方案，你可以方便地提交複雜的結構化資料。該方案特別適合 RESTful 的介面。各大封包截取工具如 Chrome 附帶的開發者工具、Firebug、Fiddler，都會以樹狀結構展示 JSON 資料，非常友善。

9.3.3 text/xml

text/xml 是一種將 HTTP 作為傳輸協定、XML 作為編碼的遠端呼叫規範，常見的有 web-service 協定。目前這種方式用得較少，它逐漸被 JSON 取代。

```
POST http://www.c****s.com/tankxiao HTTP/1.1
Content-Type:text/xml


<userlogin>
<username>tankxiao@outlook.com</username>
<password>test1234</password>
</userlogin>
```

個人覺得 XML 結構過於臃腫，一般場景用 JSON 會更靈活方便。

9.4　HTTP 中的負荷

Payload 的字面意思是有效負荷。我們先用一個簡單的比喻來介紹一下它。

比如某位客戶委託貨車司機去運送一車沙子。沙子本身的品質、車子的品質、司機的品質等，都屬於載重（Load）。但是對該客戶來説，他關心的只有沙子的品質，因此沙子的品質是有效載重（Payload）。Payload 可以視為一系列資訊中最為關鍵的資訊。

HTTP 請求中資訊主體的資料才是真正要傳遞的資料。請求（Request）或回應（Response）中可能會包含真正要傳遞的資料，這個資料叫作訊息的有效負荷，對應的還有請求負荷（Request Payload）和回應負荷（Response Payload）。

9.4.1 請求負荷

HTTP 請求主體的兩種叫法如圖 9-6 所示。

圖 9-6 HTTP 請求主體的兩種叫法

Content-Type 為 application/x-www-form-urlencoded 類型時，我們把資訊主體中的資料稱為表單資料（Form Data），如圖 9-7 所示。

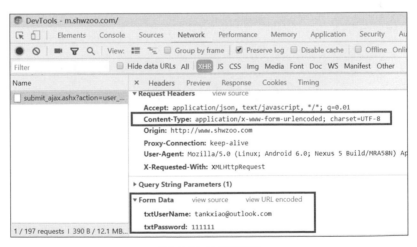

圖 9-7 表單資料

Content-Type 為 application/json 類型時，我們把資訊主體中的資料稱為請求負荷（Request Payload），如圖 9-8 所示。

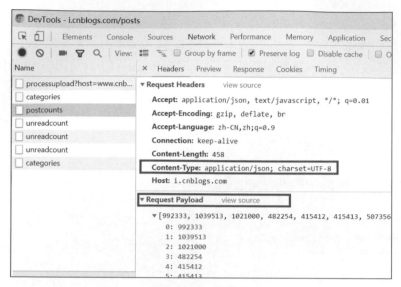

圖 9-8 請求負荷

9.4.2 回應負荷

舉例來說，AJAX 請求返回了一個 JSON 格式。

```
{
status: 200,
message: '正常返回'
    hasError: false,
    data: {
      userId: 123,
      name: 'tankxiao'
    }
}
```

上列程式中的 data 就是負荷（Payload），也就是關鍵資訊，而 status、message 和 hasError 是載重（load），雖然也是資訊，但相對沒有那麼重要。

9.5 錯誤的 POST 提交方法

下面所示的 HTTP 請求是錯誤的。

```
POST http://www.c****s.com/tankxiao HTTP/1.1
HOST:www.c****s.com


{"username":"tankxiao@outlook.com","password":"test1234"}
```

如果不指定 Content-Type，則系統會預設使用 application/x-www-form-urlencoded。在上面的請求中，資訊主體資料是用的 JSON 格式，而資訊表頭是 application/x-www-form-urlencoded，伺服器不能瞭解，就會顯示出錯。

9.6 根據介面文件呼叫介面實例

介面呼叫人員要做到一看到介面文件，就應該知道如何呼叫介面。例如下面這個介面文件，表 9-1 為介面描述，表 9-2 為參數描述。

表 9-1 介面描述

介面位址	/card/placeorder
請求方式	POST
資料格式	JSON 格式
測試環境	http://10.0.1.102:8082/
UAT 環境	http://uat-tankxiao.com:8085

表 9-2 參數描述

參數名	類型	是否必填	備註
addressid	int	必填	位址的 ID
all_price_total	string	必填	總價格
platform_coupon_id	string	不是必填	優惠券 ID
cardid	int	必填	購物車的 ID
shop_list	string	必填	商品列表

從介面文件分析，介面的 URL 如下。

■ 測試環境為 http://10.0.1.102:8082/card/placeorder。

■ UAT 環境為 http://uat-tankxiao.com:8085/card/placeorder。

我們要發出下面這樣的 HTTP 請求。

```
POST http://10.0.1.102:8082/card/placeorder HTTP/1.1
Content-Type:application/json;charset=utf-8

{
"addressid": 123 ,
"all_price_total": "88.88",
"platform_coupon_id": "1234" ,
"cardid":2344 ,
"shop_list": "water"
}
```

無論使用者是用 JMeter、Postman、Python 還是 Java，都需要發送這樣的 HTTP 請求來呼叫介面。

9.7 鍵值對和 JSON 的混合

還有一種介面，讓初學者分不清楚到底是鍵值對還是 JSON 格式。介面文件如下所示，其中表 9-3 為介面描述，表 9-4 為請求參數。

表 9-3 介面描述

介面位址	/card/placeorder
請求方式	POST
資料格式	JSON 格式
測試環境	http://10.0.1.102:8082/
UAT 環境	http://uat-tankxiao.com:8085

表 9-4 請求參數

參數名稱 key	value
addressid	位址的 ID
all_price_total	總價格
additional	JSON

表 9-4 中參數 additional 的 JSON 值如下。

```JSON
{
    "goods_id":"34",
    "quantity":"1",
    "tick_time":"2020-10-12"
}
```

把表 9-4 和表 9-2 進行比較，發現它們形式上都是一樣的，所以這個範例中的請求參數仍然是一個鍵值對，只是 additional 這個參數的值是一個 JSON 字串而已。

HTTP 請求如下所示。

```
POST http://10.0.102:8082/card/placeorder HTTP/1.1
Content-Type:application/x-www-form-urlencoded

addressid=1234&all_price_total=88.88&additional={"goods_id":"34" ,
" quantity ":"1" , "tick_time":"2020-10-12"}
```

9.8　本章小結

本章圍繞 Content-Type 展開，Content-Type 是 HTTP 請求封包和回應封包中非常重要的內容之一，也是發送 HTTP 請求和分析 HTTP 回應所需要了解的資訊表頭。本章列舉了 3 種常見的 POST 提交資料方式，並展示了介面呼叫人員透過看介面文件來組裝 HTTP 請求結構的方法。

Chapter

10

HTTP 上傳和下載

我們經常要在網頁中將檔案上傳到伺服器，這種上傳是透過 HTTP 實現的。本章介紹 HTTP 是如何上傳和下載檔案的，以及如何用 JMeter 和 Python 實現上傳、下載檔案。

檔案就是磁碟上的一段空間，檔案的內容就是一串二進位數字，檔案傳輸就是把這串數字透過 HTTP 傳過去。

上傳檔案的大致過程是：伺服器端接收這段資料後，按照協定規定的格式，把這串資料提取出來，然後創建一個空檔案（分配一段空間），再把這串資料寫進去。這就成了一個跟上傳檔案完全一致的新檔案。

10.1　HTTP 上傳檔案的兩種方式

HTTP 上傳檔案有很多種方法，本節我們介紹 POST 上傳檔案的兩種方法，如圖 10-1 所示。

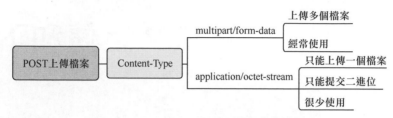

圖 10-1　POST 上傳檔案的方法

伺服器通常是根據請求表頭中的 Content-Type 欄位來判斷請求中的資訊主體使用何種方式編碼的，然後再對資訊主體進行解析。POST 上傳檔案方案包含了 Content-Type 和資訊主體編碼方式兩部分。

10.2　multipart/form-data

multipart/form-data 是常見的 POST 資料提交的方式。我們使用表單上傳檔案時，必須要讓表單的 enctype 等於 multipart/form-data。

```
<form action="/" method="post" enctype="multipart/form-data">
    <input type="text" name="description" value="tankfile">
    <input type="file" name="myFile">
    <button type="submit">Submit</button>
</form>
```

發出去的 HTTP 請求如下。

```
POST http://www.cnblogs.com/tankxiao HTTP/1.1
Content-Length:
```

```
Content-Type:multipart/form-data; boundary=----WebKitFormBoundaryrGKCBY7qh
Fd3TrwA

------WebKitFormBoundaryrGKCBY7qhFd3TrwA
Content-Disposition: form-data; name="text"

title
------WebKitFormBoundaryrGKCBY7qhFd3TrwA
Content-Disposition: form-data; name="file"; filename="chrome.png"
Content-Type: image/png

PNG ... content of chrome.png ...
------WebKitFormBoundaryrGKCBY7qhFd3TrwA--
```

HTTP 請求首先生成了一個 boundary，它用於分割不同的欄位。為了避免與正文內容重複，boundary 字串很長、很複雜。然後 Content-Type 中指明了資料以 mutipart/form-data 來編碼，以及本次請求的 boundary 是什麼內容。資訊主體按照欄位個數又分為多個結構類似的部分，每部分都是以 --boundary 開始，緊接著是內容描述資訊，然後是確認預留位置，最後是欄位的具體內容（文字或二進位）。如果傳輸的是檔案，還要引用檔案名稱和檔案類型資訊。資訊主體最後以 --boundary-- 標示結束。

使用 multipart/form-data 的大致過程如下：

（1）讀取 HTTP 請求資訊表頭中的 Content-Type；
（2）根據 boundary 分隔符號，分段獲取資訊主體內容；
（3）遍歷分段內容；
（4）根據 Content-Disposition 特徵獲取其中的值；
（5）根據 filename 獲取原始檔案名稱。

10.2.1 對禪道上傳圖片的操作進行封包截取

我們需要找一個有上傳檔案的功能的網站，然後用禪道中的開 Bug 作為
例子來封包截取分析上傳圖片的 HTTP 請求，如圖 10-2 所示。

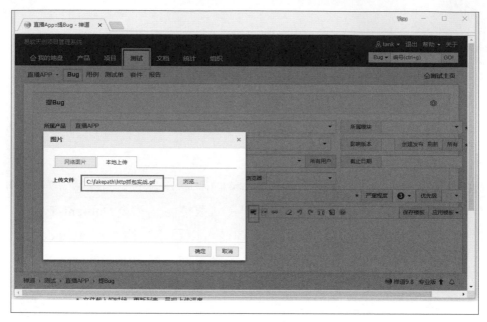

圖 10-2　禪道上傳圖片

步驟 1　啟動 Fiddler，登入禪道，使用者名稱為 tank，密碼為 tanktest1234。

步驟 2　選擇測試→ Bug →提 Bug，從而新建一個 Bug，並且在 Bug 中選
擇一個圖片。

步驟 3　上傳圖片，Fiddler 抓到的封包如圖 10-3 所示。

圖 10-3 對禪道上傳圖片的操作進行封包截取

從圖 10-3 中我們可以看到，透過禪道上傳圖片時，Content-Type 用的是 multipart/form-data。

10.2.2 使用 JMeter 模擬上傳圖片

我們現在使用 JMeter 來實現上傳圖片的功能。詳細步驟如下所示。

步驟 1 在 JMeter 中增加一個 HTTP 請求。填好各個欄位，具體設定如圖 10-4 所示。

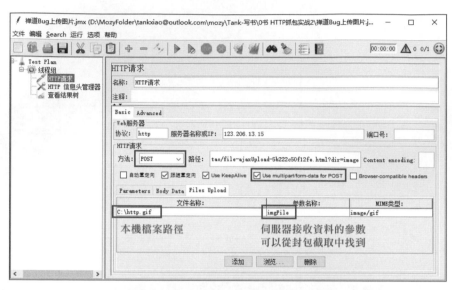

圖 10-4　JMeter 上傳圖片的請求

步驟 2 增加一個資訊表頭管理器，資訊表頭管理器中的內容是從 Fiddler 中複製過來的，注意其中有 Cookie。資訊表頭管理器如圖 10-5 所示。

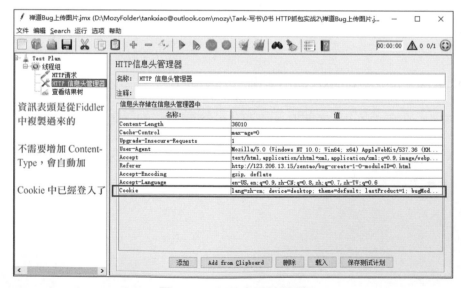

圖 10-5　資訊表頭管理器

步驟 3 運行指令稿後，可以看到圖片上傳成功，如圖 10-6 所示。

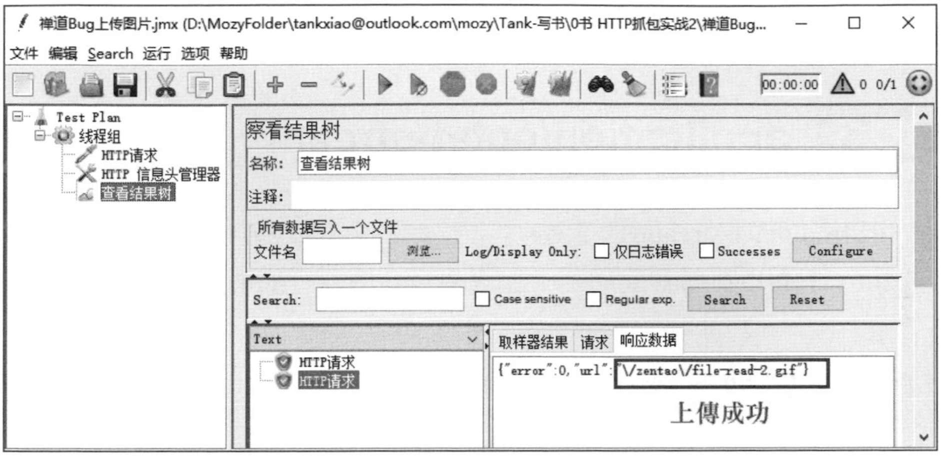

圖 10-6 上傳圖片成功

10.2.3 使用 Python 上傳圖片

使用 Python 上傳圖片的程式如下所示。

```python
import requests

sess = requests.session()
url="http://1****5/zentao/file-ajaxUpload-5b78b96e59e3a.html?dir=image"
cookies={'zentaosid': 'fiddler封包截取中得來的'}
files={'imgFile':('http.gif',open('c:\http.gif','rb'),'image/gif')}
resp = sess.post(url,files=files, cookies=cookies)
print(resp.text)
```

程式運行後可以得到以下結果。

```
{"error":0,"url":"\/zentao\/file-read-14.gif"}
```

圖片就可以透過 URL http://1****5/zentao/file-read-14.gif 存取了。

如果程式運行後，跳躍到了登入頁面，說明 Cookie 沒有處理好，不在登入狀態。

10.3　application/octet-stream

application/octet-stream 是二進位流，有些網站的前後端互動用 octet-stream，下面以在博客園網站中上傳圖片為例進行講解。

10.3.1　在博客園的文章中上傳圖片

對博客園上傳圖片的操作進行封包截取的步驟如下。

步驟1 打開博客園，登入，選擇「我的網誌」→「管理」→「增加新隨筆」。

步驟2 在文章中增加圖片，如圖 10-7 所示。

圖 10-7　在博客園文章中上傳圖片

步驟 3 然後透過 Fiddler 對上傳檔案進行封包截取，如圖 10-8 所示。

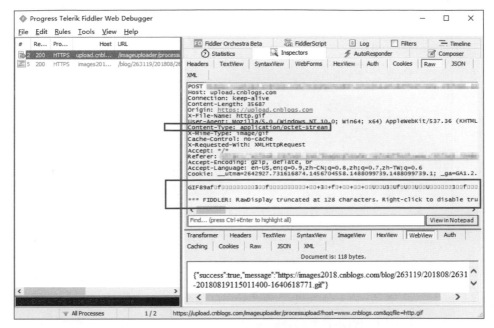

圖 10-8 用 Fiddler 封包截取上傳檔案

觀察圖 10-8 中的 HTTP 請求中的資訊主體。我們可以看到，使用 application/octet-stream 時的資訊主體是二進位檔案，與使用 multipart/ form-data 的資訊主體相比更為簡單。

10.3.2 用 JMeter 模擬博客園上傳圖片

接下來用 JMeter 實現上傳圖片的功能，步驟如下。

步驟 1 增加一個 HTTP 請求，注意 MIME 類型要填正確。詳細設定如圖 10-9 所示。

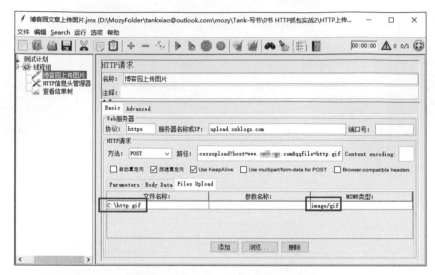

圖 10-9 JMeter 中的 HTTP 請求

步驟2 增加資訊表頭管理器，資訊表頭也是從 Fiddler 封包截取中獲取的。此時需要有 Content-Type: application/octet-stream，並且要有 Cookie，如圖 10-10 所示。

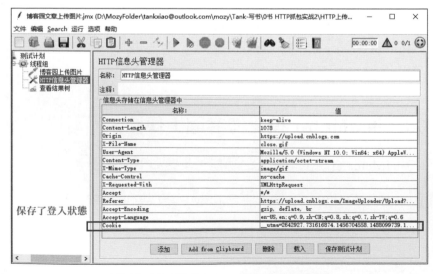

圖 10-10 在 JMeter 中增加資訊表頭

步驟 3　運行指令稿，結果如圖 10-11 所示。

圖 10-11　上傳圖片成功

10.3.3　用 Python 模擬博客園上傳圖片

模擬博客園上傳圖片的 Python 程式如下，要注意資訊表頭中有 application/octet-stream。

```
import requests

sess = requests.session()
# 用Fiddler觀察
pro = {"http":"http://127.0.0.1:8888","https":"https://127.0.0.1:8888"}
url="https://upload.c****s.com/imageuploader/processupload?host=www.cnblogs.
com&qqfile=http.gif"
headers = {
    'Content-Type': 'application/octet-stream',
```

```
    'X-Mime-Type':'image/gif',
}
coo={'CNBlogsCookie':'fiddler封包截取中得來的','.Cnblogs.AspNetCore.Cookies'
:'fiddler封包截取中得來的'}

files={'imgFile':('http.gif',open('c:\http.gif','rb'),'image/gif')}
rs = sess.post(url,files=files,headers=headers, cookies=coo,verify=False,
proxies=pro)
print(rs.text)
```

運行成功，結果如下所示。

```
{"success":true,"message":"https://img2018.c****s.com/blog/263119/201902/
263119-20190212181318770-387741578.gif"}
```

如果運行得到下面的結果，則說明 Cookie 不對，目前不處於登入狀態。

```
{"success":false,"message":"未登入，請先登入"}
```

10.4 用 HTTP 下載檔案

當用戶端向伺服器請求某個檔案時，一般是發送 GET 請求，然後伺服器返回檔案的二進位內容。

打開 Fiddler，再打開瀏覽器，在瀏覽器中輸入某檔案的下載網址：https://files.c****s.com/ files/TankXiao/eng.rar。

用 Fiddler 對下載檔案進行封包截取的結果如圖 10-12 所示。

圖 10-12 用 Fiddler 對下載檔案進行封包截取

10.4.1 用 JMeter 下載檔案

用 JMeter 把檔案 https://files.c****s.com/files/TankXiao/eng.rar 下載到本機。JMeter 需要在 BeanShell 中增加 Java 程式才能下載檔案。

使用 JMeter 下載檔案的操作步驟如下。

步驟 1 增加一個執行緒組，再增加一個 HTTP 請求，並填好各個欄位，如圖 10-13 所示。

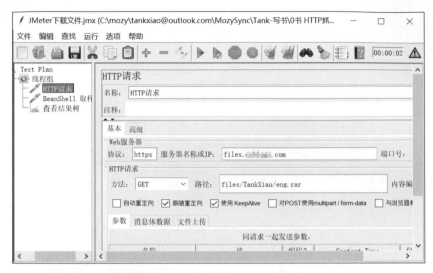

圖 10-13 下載的 HTTP 請求

步驟 2 增加一個 BeanShell 取樣器,再增加 Java 程式,如圖 10-14 所示。

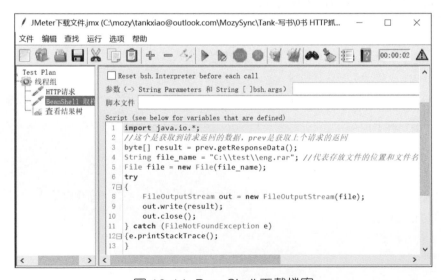

圖 10-14 BeanShell 下載檔案

步驟 3 運行 JMeter 指令稿就可以成功下載檔案。

10.4.2 用 Python 實現下載檔案

用 Python 實現下載檔案的程式如下。

```
import requests


imgUrl = 'https://files.cnblogs.com/files/TankXiao/eng.rar'
resp = requests.get(imgUrl)
with open('eng.rar', 'wb') as f:
    f.write(resp.content)
print('下載完成')
```

10.5　HTTP 中斷點續傳

中斷點續傳就是要從檔案已經下載的地方開始繼續下載。也就是説，中斷點續傳基於分段下載。這就需要了解什麼是分段下載。分段下載一般分為兩種：一種是一次請求一個分段；另一種是一次請求多個分段，這會用到 Range 和 Content-Range 資訊表頭。為了加快下載速度，現代 Web 伺服器都支持大檔案分段下載。

中斷點續傳基於分段下載，也就是要從檔案已經下載的地方開始繼續下載。

10.5.1 HTTP 請求資訊表頭

在 HTTP 請求的資訊表頭中增加 Range:bytes=0-1024 代表檔案獲取最前面的 1025 個位元組。

Range 資訊表頭支持的寫法還有以下幾種。

- 一般格式 Range:(unit=first byte pos)-[last byte pos]。
- Range: bytes=-500 獲取最後 500 個位元組。
- Range: bytes=1025- 獲取從 1025 開始到檔案尾端所有的位元組。
- Range: 0-0 獲取第一個位元組。
- Range: -1 獲取最後一個位元組。

請求成功後伺服器會返回狀態碼 206，並返回以下欄位來指示結果：0-1024 表示返回的分段範圍，7877 表示檔案總大小。

Content-Range: bytes 0-1024/7877

10.5.2 HTTP 分段實例

使用 Fiddler Composer 發送封包工具來發送下列的 HTTP 請求。

```
GET http://www.c****s.com/images/logo_small.gif HTTP/1.1
User-Agent: Fiddler
Range: bytes=0-1024
Host: www.cnblogs.com
```

上面列的是一個 GET 請求，資訊表頭包含 Range:bytes=0-1024。

得到的 HTTP 回應如下。

```
HTTP/1.1 206 Partial Content
Content-Type: image/gif
Content-Length: 1025
Connection: keep-alive
Accept-Ranges: bytes
ETag: "40ce7e69dc1ce1:0"
Content-Range: bytes 0-1024/3849
```

```
*** FIDDLER: RawDisplay truncated at 128 characters. Right-click to disable
truncation. ***
```

從回應可以看出這個圖片的大小是 3849，返回的狀態碼是 206 Partial
Content。

10.6 本章小結

本章圍繞 HTTP 上傳和下載的原理展開，並結合實例演示了使用 JMeter
和 Python 實現檔案上傳和下載的操作過程。最後，本章介紹了 HTTP 中
斷點續傳的概念。本章知識常用於測試上傳圖示介面和上傳證件介面的
場景。

◆ 10.6　本章小結

HTTP 對各種類型程式 的封包截取

本章將介紹使用 Fiddler 對各種類型的程式進行封包截取的過程。

11.1 用 Fiddler 抓取視訊

短視訊 App 上都是一些小視訊,這些視訊大約 15s,視訊檔案並不大。用 Fiddler 設定好手機封包截取後,就能用 Fiddler 捕捉到短視訊 App 中的視訊。在 Fiddler 中,我們透過 WebView 標籤來查看視訊,如圖 11-1 所示。

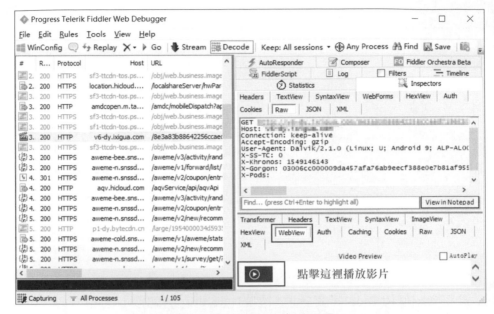

圖 11-1 WebView 查看視訊

將滑鼠指標放在抓取到的視訊上,點擊滑鼠右鍵,此時你可以控制視訊的播放速度,還可以保存視訊,如圖 11-2 所示。

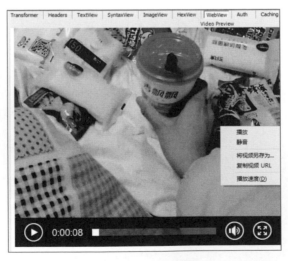

圖 11-2 播放視訊

11.2 用 Fiddler 抓音訊檔案

很多網站提供線上音樂，這些都是音訊檔案（mp3 格式）。打開隨機的
音樂播放機來播放一首歌，Fiddler 封包截取結果如圖 11-3 所示。

圖 11-3 用 Fiddler 封包截取音訊

我們可以在 Fiddler 中播放、保存音訊。

11.3　用 **Fiddler** 抓 **Flash**

網上有很多小遊戲是 Flash 格式的，有些網站提供下載，有些網站只能線上執行遊戲。我們可以透過 Fiddler 來捕捉 Flash 的 URL，然後將其保存到本機磁碟中，這樣就可以離線玩遊戲了。具體步驟如下。

步驟1　打開 Fiddler，用瀏覽器打開某個 Flash 遊戲的網頁，等待載入完成。

步驟2　在 Fiddler 中尋找 Flash 的 URL，Flash 的副檔名是 swf，如圖 11-4 所示，可以看到 Flash 的 URL 是 http://sda.4****.com/4399swf/upload_swf/ftp6/fanyiss/20110921/5.swf。

圖 11-4　用 Fiddler 抓 Flash 的 URL

步驟3　下載它，就可以把 Flash 保存在本機了。

11.4 用 Fiddler 抓公眾號

公眾號的封包截取和 App 或小程式的封包截取是一樣的，設定好手機封包截取就可以了。圖 11-5 所示的是用 Fiddler 抓「小坦克軟體測試」公眾號的頁面。

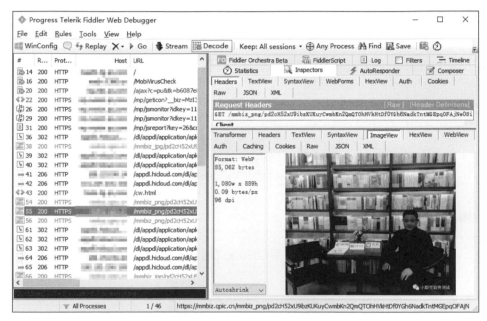

圖 11-5 用 Fiddler 抓公眾號

11.5 用 Fiddler 封包截取小程式

微信小程式封包截取和 App 封包截取的原理是一樣的。因為微信小程式也是用 HTTP/HTTPS。只要設定好手機封包截取，手機上大部分使用 HTTP/HTTPS 的流量能被抓到。

Fiddler 抓攜程小程式的範例如圖 11-6 所示。

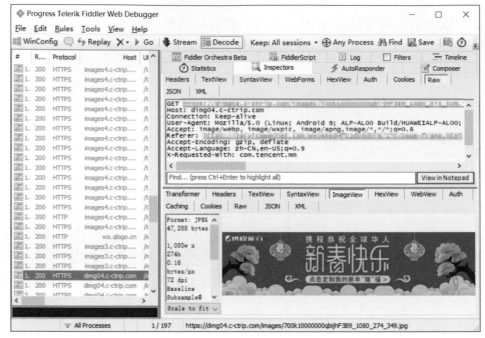

圖 11-6 攜程小程式封包截取

11.6 用 AJAX 封包截取

在不重新載入整個頁面的情況下，AJAX 可以與伺服器交換資料並更新部分網頁內容。通俗地講，就是即使網頁沒刷新，還會持續發送封包。

在 AJAX 的偵錯中，經常需要封包截取。AJAX 的封包截取和網頁封包截取的原理一樣。例如滑動百度地圖中的任一地方，這時候網頁就會發送大量的 AJAX 請求，封包截取如圖 11-7 所示。

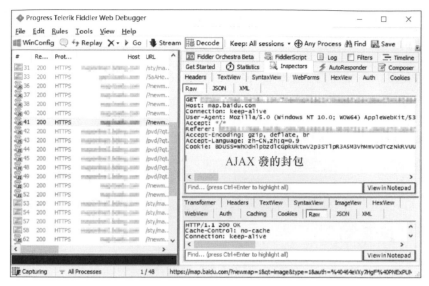

圖 11-7　AJAX 封包截取

11.7　用 Fiddler 封包截取 C#

C# 程式發出的 HTTP/HTTPS 請求，都能被 Fiddler 抓到。

Fiddler 啟動時已經將自己註冊為系統的預設代理伺服器，C# 程式預設使用的是系統代理，因此可以直接被 Fiddler 封包截取，而不需要任何額外的設定。這樣 C# 發出的 HTTP 請求就能被 Fiddler 抓到了。

11.8　用 Fiddler 封包截取 Java

預設情況下，Fiddler 不能監聽 Java HttpURLConnection 請求。究其原因，Java 的網路通訊協定層和瀏覽器的通訊協定層略有區別。Fiddler 監聽 HTTP 請求的原理是在應用程式和作業系統網路通訊層之間架設了一個代理伺服器，而 Java 的 HttpURLConnection 繞過了這個代理伺服器，因此 Fiddler 無法監聽到 Java HttpURLConnection 請求。

解決 Fiddler 不能監聽 Java HttpURLConnection 請求的基本想法就是設定代理伺服器。

Fiddler 官網列出的解決辦法是設定 jvm 參數，如下所示。

```
jre -DproxySet=true -DproxyHost=127.0.0.1 -DproxyPort=8888 MyApp
```

Stack Overflow 上的專家們也列出了在 Java 程式中設定代理伺服器的方法，如下所示。

```
System.setProperty("http.proxyHost", "localhost");
System.setProperty("http.proxyPort", "8888");
System.setProperty("https.proxyHost", "localhost");
System.setProperty("https.proxyPort", "8888");
```

當然，最好還是希望 Fiddler 自身能增加監聽 Java HttpURLConnection 請求的能力。

在啟動 Java 程式時設定代理伺服器為 Fiddler 即可。

```
-DproxySet=true
-DproxyHost=127.0.0.1
-DproxyPort=8888
```

11.9　用 Fiddler 封包截取 Postman

Postman 本身是一個發送封包工具，預設的情況下使用系統代理，因此 Postman 發出的封包能被 Fiddler 抓到。Postman 的代理設定如圖 11-8 所示。

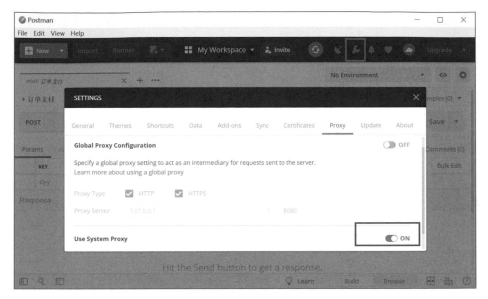

圖 11-8　Postman 預設使用系統代理

Postman 最大的缺點就是其中沒有專門的頁面可以完整地看到你發送出去的 HTTP 請求。用 Postman 做介面測試時，如果發出去的封包有問題，那麼在我們要檢查 HTTP 請求的具體內容的時候，就可以用 Fiddler 封包截取從而查看 Postman 發出去的 HTTP 請求的具體內容。

11.10　用 Fiddler 捕捉 macOS

Fiddler 可以捕捉 macOS 發出的 HTTP/HTTPS 請求，設定方法如下。

步驟 1　在 macOS 中，選擇 System Preferences → Network → Advanced...
→ Proxies。

步驟 2　選擇 Web Proxy (HTTP)，然後輸入 IP 位址 10.29.56.93 和通訊埠編號 8888，如圖 11-9 所示。

◆ 11.10 用 Fiddler 捕捉 macOS

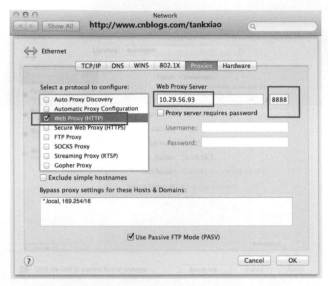

圖 11-9 macOS 設定代理（1）

步驟3 選擇 Secure Web Proxy (HTTPS)，然後輸入 IP 位址 10.29.56.93 和通訊埠編號 8888，如圖 11-10 所示。

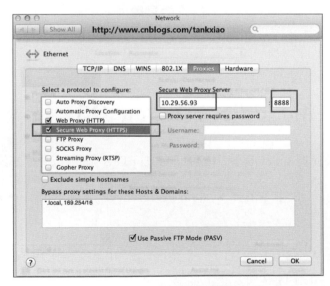

圖 11-10 macOS 設定代理（2）

11.11 用 Fiddler 捕捉 Linux 系統

Fiddler 同樣可以捕捉 Linux 系統發出的 HTTP/HTTPS，設定方法跟 macOS 一樣。

用 Ubuntu 設定代理的方式如圖 11-11 所示。

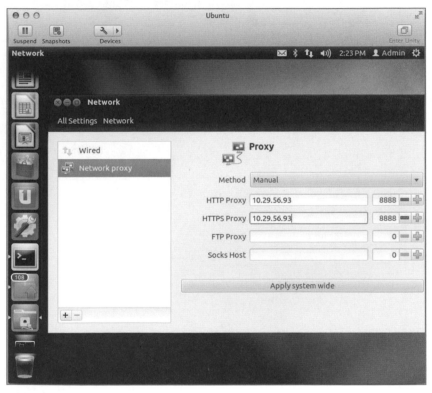

圖 11-11　用 Ubuntu 設定代理

11.12　用 Fiddler 封包截取堅果雲

堅果雲是一個檔案同步軟體，支援多種裝置（如 App 端和 PC 端），它使用 HTTP 來和伺服器互動，如圖 11-12 所示。

圖 11-12　Fiddler 封包截取堅果雲

步驟1 打開堅果雲來設定代理伺服器，如圖 11-13 所示，然後重新啟動堅果雲。

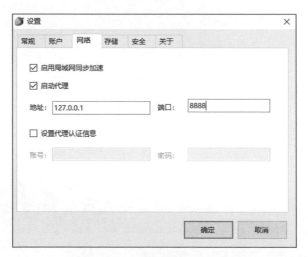

圖 11-13　用堅果雲設定代理

步驟2 打開 Fiddler，在堅果雲中編輯一個 txt 的檔案。封包截取結果如圖 11-14 所示。

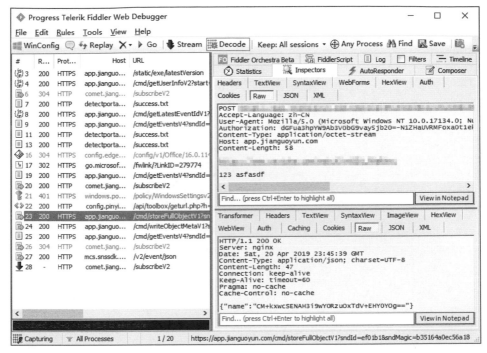

圖 11-14 用堅果雲封包截取

11.13 本章小結

本章透過實例展示了 Fiddler 捕捉各種類型的程式的方法。

◆ 11.13　本章小結

自動登入和登入安全

登入模組是最重要的環節之一，所有的操作都需要登入後才能執行，如果登入功能沒有任何限制，那麼會留下無窮的後患。

爬蟲和自動化程式都需要先自動登入，然後再進行其他的操作。為了防止自動登入，很多網站登入時採用了各種各樣的驗證碼，如簡訊驗證碼、圖形驗證碼等。本章介紹如何自動登入和這些驗證碼的作用。

12.1 登入的較量

網站和指令稿一直在較量。

指令稿： 我能輕鬆地自動登入你的網站，登入成功後，想幹什麼就幹什麼。

網　站： 那我在登入的時候用 JavaScript 加密密碼，讓你登入不了。

指令稿：　JavaScript 加密很容易就破解了，我自己寫個一樣的 JavaScript 方法就行了。

網　站：　那我在登入的時候加圖片驗證，這樣你的指令稿就無法自動登入了。

指令稿：　圖片驗證碼不難，用 OCR 辨識出驗證碼，就可以自動登入了。

網　站：　普通的驗證碼攔不住，我用一些特殊的驗證碼。例如選人的圖示、倒立文字等。

指令稿：　的確這種驗證碼很難破解了，要找頂級高手去破解才行。

網　站：　現在沒招了吧！

指令稿：　不是沒招，任何驗證碼都能破解，關鍵在於有沒有價值，值不值得我花大力氣去破解。就算不能自動登入了，我直接用登入好的 Cookie 不就可以？

網　站：　你贏了！

12.2　登入的風險

若軟體系統被爬蟲或外掛自動登入，那麼會有很多安全隱憂。

12.2.1　冒用他人帳戶登入

在日常生活中，讀者可能會遇到自己某個帳號被他人冒用的情況。這就是非法使用者獲得了你的使用者名稱和密碼，登入了系統並可能進行一些非法的操作。一般來說，風控系統應該察覺這種冒用行為；如果網站沒有對應的風控系統，那麼就會辨識不出這樣的風險。圖 12-1 展示了常見的 3 種異常登入情形。

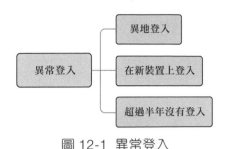

圖 12-1 異常登入

如果發生異常登入，那麼就要要求使用者輸入手機簡訊驗證碼或電子郵件驗證碼來進一步認證。

12.2.2 帳戶和密碼在傳輸過程中被截獲

如果登入請求採用的是 HTTP 而非 HTTPS，那麼帳號和密碼很可能中途被截獲。

12.2.3 密碼被破解

一些駭客會透過竊舉資料庫的方法來暴力破解密碼。駭客手裡有大量的帳號，不可能手動登入，一般會寫登入指令檔來自動登入，從而試探密碼是否正確。

12.2.4 系統被爬蟲軟體或指令稿自動登入

爬蟲軟體或指令稿一旦自動登入系統後，就會進行很多操作，給伺服器帶來負擔和風險。

12.3 登入的風控

對一個系統來說，登入模組是最重要的組成部分。它可以看作一個門檻，所有的操作都需要登入後才能進行。如果他人可以非常輕鬆地透過破解密碼、截獲帳號和密碼，或爬蟲和指令稿自動登入系統，勢必會給伺服器帶來很大的負擔和風險。並且，系統的安全性也會受到使用者的質疑。因此，登入模組需要有足夠的風控措施，透過採取一些措施來阻擋系統自動登入的實現。登入模組的常用限制手段如圖 12-2 所示。

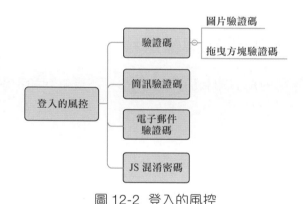

圖 12-2 登入的風控

12.4 登入用 GET 還是 POST

登入的時候需要把使用者名稱和密碼發送給伺服器。用 GET 方法還是用 POST 方法呢？

如果使用 GET 方法，HTTP 請求如下。

```
GET http://www.tankxiao.com/login.aspx?username=tankxiao&pwd=tanktest1234
HTTP/1.1
HOST www.tankxiao.com
```

如果使用 POST 方法，HTTP 請求如下。

```
POST http://www.tankxiao.com/login.aspx? HTTP/1.1
HOST www.tankxiao.com


username=tankxiao&pwd=tanktest1234
```

12.4.1 GET 方法的缺點

如果使用 GET 方法，你就會在瀏覽器中看到登入的使用者名稱和密碼，
沒有安全性，如圖 12-3 所示。

圖 12-3 網址列中顯示密碼

伺服器的存取記錄檔中也會詳細記錄使用者名稱和密碼，如圖 12-4 所示。

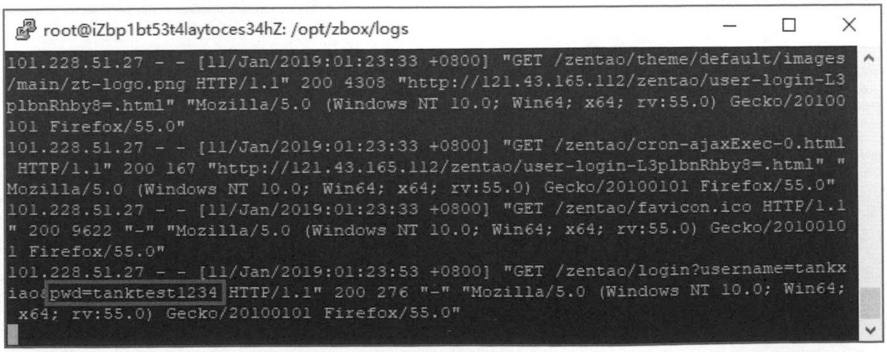

圖 12-4 密碼出現在記錄檔中

另外，這個資料封包在網路上傳輸時處於完全曝露狀態，任何封包截取軟體都能抓到它。利用 GET 請求進行使用者登入是一種非常不安全的方式。

12.4.2　POST 比 GET 安全

相對於 GET 方法而言，POST 方法就安全得多。POST 是透過資訊主體傳遞使用者登入資訊的，登入的資料並不會出現在 URL 和伺服器存取記錄檔中。但這也並不是十分安全，只要攔截到了傳遞的資料體，使用者名稱和密碼就能輕鬆被獲取。

12.4.3　使用 GET 方法登入的網站

經過實際的測試，還真發現很多網站的登入用的是 GET 請求，這樣的網站存在很大的安全隱憂。例如圖 12-5 所示的網站的登入就是使用 GET 請求。

圖 12-5　登入是 GET 方法

另一個網站的封包截取登入如圖 12-6 所示。

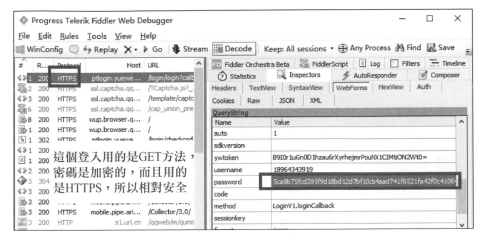

圖 12-6　某網站的登入

從圖 12-6 中可以看到該網站雖然用的是 GET 方法，但是密碼被加密了，而且用的是 HTTPS，所以還算相對安全。

12.5　安全的原則

在關係到安全的時候，要時刻遵守兩個原則：

- 不能在本機存放與安全相關的使用者資訊；
- 任何程式在向伺服器傳遞資料的時候，都不能直接傳遞與安全相關的使用者資訊。

要想讓使用者資訊安全，就必須加密。這樣別人即使是拿到了安全資訊，擺在眼前的也是一串亂碼，沒有半點用處。

12.6 使用 POST 方法登入的網站

有些網站的登入使用 POST 方法，但是登入的時候沒有任何安全限制，例如下面的範例網站。

步驟1 用 Chrome 瀏覽器打開 http://aaabbbccc/clothes/index/login（範例網站），如圖 12-7 所示。

圖 12-7 登入頁面沒有安全限制

步驟2 打開 Fiddler，輸入使用者名稱（tank），密碼（tanktest1234）。可以抓到登入的 HTTP 請求，如圖 12-8 所示。

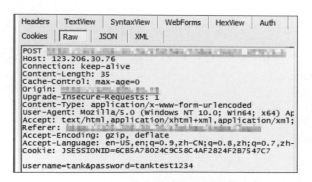

圖 12-8 登入的 HTTP 請求

使用這種登入方式,我們可以輕鬆自動登入,用 JMeter 或 Python 都可以。

```
import requests

sess = requests.session()
loginUrl="http://aaabbbccc/clothes/index/login"
loginData={'username':'tank','password':'tanktest1234'}
loginResp=sess.post(loginUrl,data=loginData)
print(loginResp.status_code)
```

這種登入設定太簡單了,非常容易被爬蟲或指令稿自動登入,不建議網站採用這種登入方式。

12.7 登入回應攜帶隱藏的 token 字串

還有一種情況,網站的登入頁面攜帶隱藏的 token 字串。這類網站的登入頁面的回應中隱藏了一個 token 字串。提交登入的時候會把 token 字串和使用者名稱密碼一起提交給伺服器。

我們用一個案例來進行詳細說明,具體操作如下。

步驟 1 啟動 Fiddler,在瀏覽器中打開 mozy 登入頁面,如圖 12-9 所示。

圖 12-9　登入頁面

步驟 2　在 Fiddler 中，找到該登入頁面的 HTTP 回應。透過封包截取可以看到，這個頁面的回應中隱藏了一個 token 字串（在回應中搜索 "token"），如圖 12-10 所示。

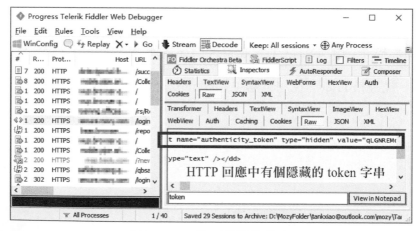

圖 12-10　登入頁面的回應

步驟3 輸入使用者名稱（2464602531@qq.com）和密碼（tankxiao1234），
點擊登入按鈕。在抓到的封包中可以看到登入的 HTTPS 請求，如圖
12-11 所示。

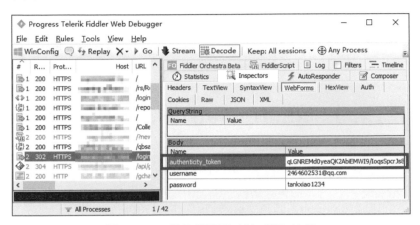

圖 12-11 登入過程的封包截取結果

瀏覽器把 token 字串、使用者名稱和密碼發送給了 Web 伺服器，這樣就
可以成功登入了。

這種登入方式，也完全可以自動化實現。不過它要比上一個例子稍微複
雜一些。用 Python 實現的自動登入程式如下。

```python
import requests
import re


sess = requests.session()
# 打開登入的頁面
loginUrl="https://secure.mozy.com/login"
loginPageResp=sess.get(loginUrl,verify=False)
# 獲取頁面中隱藏的token
tokenPattern = r"token\" type=\"hidden\" value=\"(.*?)\"";
tokenGroup = re.search(tokenPattern,loginPageResp.text)
token=tokenGroup.group(1)
```

```
print(token)
# 提交登入
loginData = {'authenticity_token': token,'username':'2464602531@qq.com',
'password':'tankxiao1234'}
loginResp=sess.post(loginUrl,loginData,verify=False)
print(loginResp.status_code)
```

12.8 用 JavaScript 中的 MD5 給密碼加密

有些網站會把密碼用 JavaScript 加密後發送給 Web 伺服器。

注意：下面這個實例中的網站為虛擬網站，不能直接運行。

步驟 1 打開要登入的網站，如圖 12-12 所示。

圖 12-12 登入頁面

步驟 2 打開 Fiddler，輸入使用者名稱 "18964343919"，密碼 "tanktest1234"，點擊「進入個人中心」按鈕，Fiddler 封包截取如圖 12-13 所示。

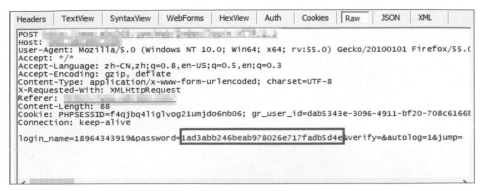

圖 12-13 登入過程的封包截取結果

其實這個網站只是簡單地用 MD5 把密碼加密了。

把原來的密碼 "tanktest1234" 透過 MD5 加密變為了 "1ad3abb246beab9
78026e717fadb5d4e"，可以透過下面這個線上 MD5 網站來驗證，如圖
12-14 所示。

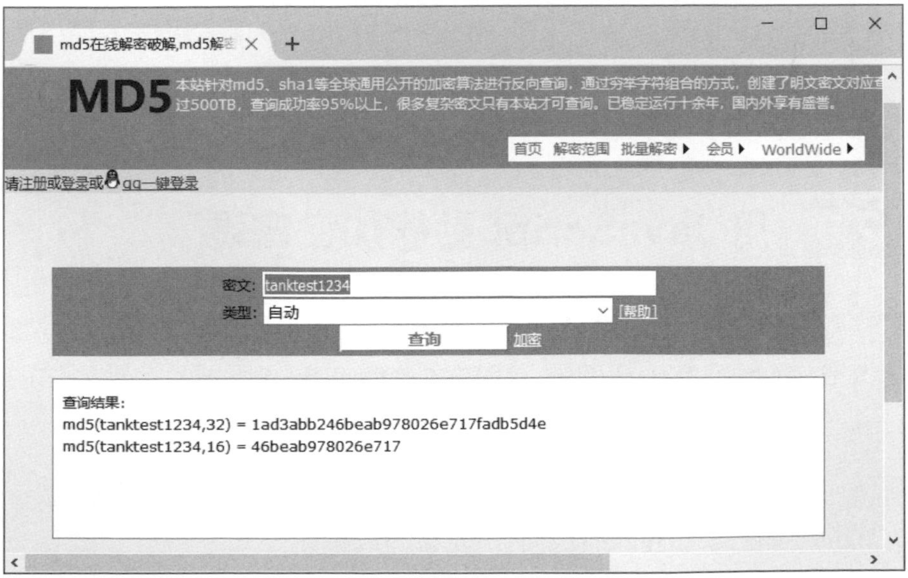

圖 12-14 MD5 加密網站

用 Python 自動登入的程式如下（此程式不能運行，因為無實例網站）。

```
import requests
import hashlib
# 用MD5給密碼加密
m = hashlib.md5()
m.update(b'tanktest1234')
password =  m.hexdigest()
print(password)
# 模擬登入
sess = requests.session()
loginUrl="http://某個網站/Web/Index/login"
# 資訊主體資料和Fiddler抓到的一模一樣
loginData={'login_name':'18964343919','password':password,'verify':'',
'autolog':'1','jump':''}
loginResp=sess.post(loginUrl,loginData)
print(loginResp.status_code)
```

只用 MD5 加密的安全性也不高，很容易讓非法使用者用指令稿自動登入。

12.9　用 JavaScript 動態加密密碼

很多網站為了提升使用者體驗，在登入頁面沒用圖片驗證碼，但是會用 JavaScript（簡稱 JS）把密碼混淆後才發給 Web 伺服器。這種用法的優點是提升了使用者體驗，同時增加了一定的安全性。

步驟 1 啟動 Fiddler，打開禪道整合運行環境網站，輸入使用者名稱（qa_tank），密碼（tanktest1234），點擊登入按鈕。

步驟2 在 Fiddler 中查看登入的 HTTP 請求,並檢查密碼,如圖 12-15 所示。

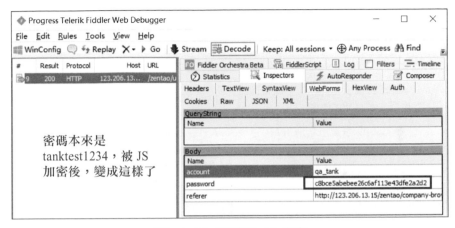

圖 12-15 密碼被 JS 加密

密碼已被加密,從 "tanktest1234" 變成了 "c8bce5abebee26c6af113e43dfe 2a2d2"。

再進行一次封包截取看一下結果,如圖 12-16 所示。

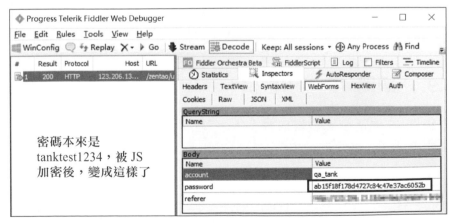

圖 12-16 混淆後的密碼發生了變化

密碼已被加密，從 "tanktest1234" 變成了 "ab15f18f178d4727c84c47e37a
c6052b"。混淆後的密碼還發生了變化，說明這種加密方法是比較複雜的
混淆，不是固定的。

該密碼被 JS 加密，我們可以透過封包截取來查看是哪個 JS 方法加密
的，如圖 12-17 所示。

圖 12-17　JS 檔案中的 MD5 加密

12.9.1　繞開 JS 混淆密碼

想要繞開 JS 混淆密碼實現自動登入，就必須先知道網站是如何實現 JS
混淆密碼的，具體步驟如下所示。

步驟 1 用瀏覽器開發者工具偵錯 JS，看密碼是如何被 JS 加密的，如圖
12-18 所示。

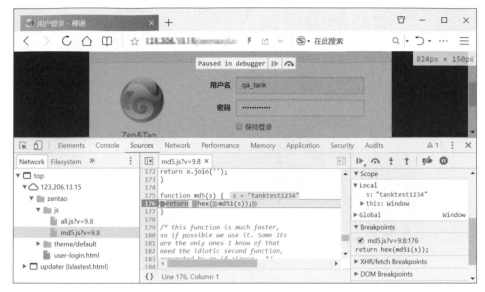

圖 12-18 用開發者工具偵錯 JS

步驟2 從圖 12-18 可以看出，密碼是被 md5(s) 這個方法加密的，然後需要進一步瞭解 md5.js 檔案中的 JS 程式。

步驟3 根據對 JS 程式的瞭解，用程式語言對 JS 混淆密碼進行解密，從而實現系統自動登入時繞開 JS 混淆密碼。

由於密碼的解密過程比較複雜，每個網站的 JS 加密方法都不相同，需要很強的 JS 功力才能做到，這裡不再贅述。

12.9.2 JS 混淆密碼歸納

這種登入方法的安全性較高，可以防止密碼被破解，也可以防止自動登入，還可以防止重放。一般來說，JS 混淆密碼的破解是比較困難的，只有非常專業的人員或解密高手可以實現；對程式設計技術比較弱的測試人員來說，基本上無法繞開 JS 混淆密碼實現自動登入。

12.10 簡訊驗證碼登入

有些網站採用手機簡訊驗證碼來登入，如圖 12-19 所示。

圖 12-19 手機簡訊驗證碼登入

用 Fiddler 封包截取可以看到簡訊驗證碼，如圖 12-20 所示。

Headers	TextView	SyntaxView	WebForms	HexView	Auth	Cookies	Raw	JSON	XML

QueryString

Name	Value
risk_partner	0
uuid	0955b3a3ca2e309d6762.1547168721.1.0.0
service	maoyan
continue	https://...............................~

Body

Name	Value
mobile	18964343919
login-captcha	
code	694735　簡訊驗證碼
origin	account-login
fingerprint	0-8-1-1ga|3|e8t|1z|tk|4x|3fk|ar|bw|g2|6m|7d|68|pc|67|6x|48

圖 12-20 封包截取簡訊登入

想要模擬簡訊驗證碼登入不難，麻煩在於簡訊驗證碼如何獲取。簡訊驗證碼是發到使用者手機中的，如何提取出來交給 Python 程式？

如果是自己公司的產品，可以從資料庫拿出驗證碼，然後模擬登入就可以了。如果是其他公司的產品，手機簡訊驗證碼很難獲取。因此，簡訊驗證碼的獲取成本較高，安全性較強。

12.11 二維碼掃碼登入

二維碼掃碼登入是用已經登入的 App 來掃碼網頁上的二維碼,不用輸入使用者名稱和密碼了,非常方便。大量網站都支援這種方式的登入,如圖 12-21 所示。

圖 12-21　掃碼登入

由於手機一般是隨身攜帶,所以普遍認為這樣的登入方式是安全的。

12.12 拼圖登入

拼圖登入是在登入時,登入頁面彈出一個拼圖,將滑動桿滑動到正確的位置才能登入,如圖 12-22 所示。

圖 12-22　方塊拼圖

就目前而言，這種拼圖驗證的登入驗證碼很難透過 HTTP 的方法繞過，基本上可以阻擋大部分的自動化登入工具，相對而言比較安全。

12.13　普通圖片驗證登入

普通的圖片驗證碼，可以透過圖型辨識技術把圖片中的字串辨識出來。普通圖片驗證碼是非常常見的一種方式，我們會在第 13 章中詳細解釋。

12.14　獨特的驗證方式

很多網站採取了獨特的驗證方式，這種驗證碼非常難繞過。該驗證方式範例如圖 12-23 所示。

圖 12-23　登入頁面

目前這樣的驗證方式，是非常難實現自動登入的，相對來説比較安全。

不安全的環境才有驗證碼

還有一些網站，在安全的環境下，不會出現驗證碼。在不安全的環境下，例如帳號不是在經常登入的地區登入、帳號和密碼輸入錯誤一次之後等，會出現驗證碼，這樣做是為了提升使用者體驗，如圖 12-24 所示。

圖 12-24 不安全的環境下有驗證碼

12.15 本章小結

本章圍繞自動登入和登入安全展開講解。登入需要採取一些措施來防止爬蟲或自動化工具自動登入，而自動登入又是介面測試或爬蟲中的重要部分。文中列舉了多種登入的風控措施，並分析了這些措施對應的自動登入的可行性。如果是給自己公司的產品做自動登入，可以要求開發人員去掉驗證碼，或增加萬能碼，也可以透過 Cookie 跳過登入驗證碼。

◆ 12.15　本章小結

圖片驗證碼辨識

有些網站採用的是圖片驗證碼登入方式，需要使用圖片辨識技術辨識出圖片中的字元後，才能實現自動登入。

13.1 圖片驗證碼

很多網站的登入都有圖片驗證碼，如圖 13-1 所示。

圖 13-1 網站的圖片驗證碼

驗證碼是一種辨識操作來自人類還是機器的工具，因此，它現在是廣為使用的限制機器存取的利器，驗證碼辨識的常見方案如圖 13-2 所示。

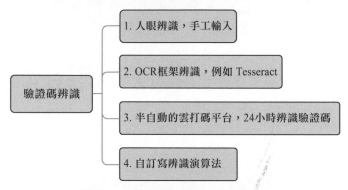

圖 13-2　辨識驗證碼的幾種方案

13.1.1　圖片驗證碼原理

登入的時候，瀏覽器用戶端發送的 HTTP 請求中包含使用者名稱、密碼和圖片驗證碼。如果圖片驗證碼不正確，則伺服器會返回「登入失敗，驗證碼錯誤」的資訊，如圖 13-3 所示。

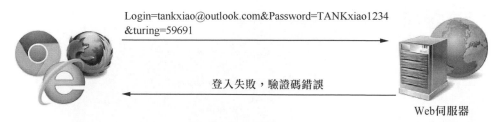

圖 13-3　圖片驗證碼

13.1.2 圖片辨識介紹

將圖片翻譯成文字一般稱為光學文字辨識（Optical Character Recognition，OCR）。可以實現 OCR 的底層函數庫並不多，Tesseract 是一個 OCR 函數庫，目前由 Google 贊助。Tesseract 是目前公認最優秀、最精確的開放原始碼 OCR 系統之一。

Tesseract 有極高的精確度，也具有很高的靈活性。透過訓練它既可以辨識出任何字型（只要這些字型的風格保持不變即可），也可以辨識出 Unicode 字元。

13.1.3 Tesseract 的安裝與使用

Tesseract 可以安裝在 Windows 或 Linux 系統中。下載 Windows 安裝套件後雙擊它直接安裝即可。安裝完成後，需要把安裝路徑增加到環境變數（例如 "C:\Program Files (x86)\Tesseract- OCR"）中。

如果不是做英文的圖文辨識，那麼還需要下載其他語言的辨識封包。

在 CMD 中輸入 tesseract –v，如果顯示圖 13-4 所示的介面，則表示 Tesseract 安裝完成且已增加到系統變數中。

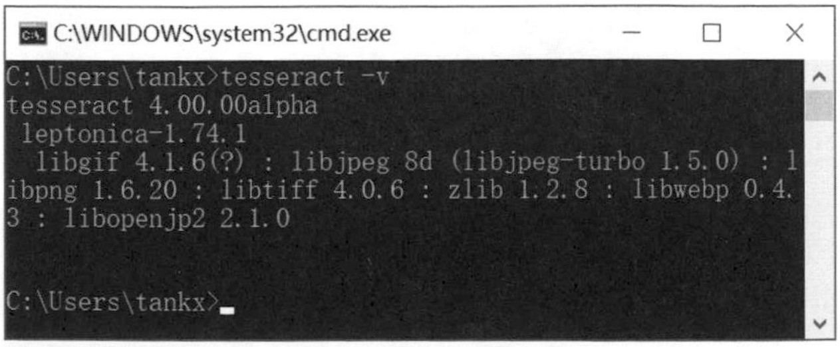

圖 13-4　Tesseract 安裝完成介面

13.1.4　Tesseract 的使用

使用 Tesseract 之前需要保存驗證碼圖片，將其保存在 c:/test/1.png。然後在 CMD 中運行以下命令。

```
tesseract c:/test/1.png c:/test/1.txt
```

命令運行如圖 13-5 所示。

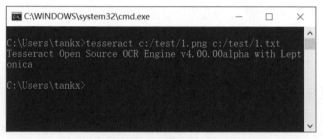

圖 13-5　執行圖片辨識

辨識的結果如圖 13-6 所示。

圖 13-6　圖型辨識的運行結果

從圖 13-6 可以看到，Tesseract 的辨識效果還是比較準確的。與驗證碼中的內容相比，辨識出來的字元多出了一個字元 "." 和一個空格。我們只需要在保存辨識結果的文件中，刪除這些多餘的內容，即可得到與圖片內容一致的驗證碼。

13.1.5 pytesseract 的使用

pytesseract 是 Tesseract 關於 Python 的介面，使用者可以使用 pip install pytesseract 安裝。安裝完成後，就可以使用 Python 呼叫 Tesseract 了。

Python 的圖片處理函數庫有兩個 —— PIL 和 Pillow。Pillow 是 Windows 下的 PIL 函數庫的精簡版，兩者使用方法一樣。

安裝 Pillow 的方法是在 CMD 中輸入 pip3 install pillow。

輸入以下程式，可以實現與 Tesseract 命令一樣的效果。

```
import pytesseract
from PIL import Image

pytesseract.pytesseract.tesseract_cmd = 'C://Program Files (x86)/Tesseract-
OCR/tesseract.exe'
text = pytesseract.image_to_string(Image.open('c://test/1.png'))

print(text)
```

現在圖型辨識成功，自動登入就變得簡單了。

13.2 用 Python 實現圖片驗證碼登入

先找到一個登入頁面有圖片驗證碼的網站。如果網站改版了，接下來的範例可能會不適用。

先打開 Fiddler，再用瀏覽器打開 ADX 登入頁面。輸入正確的帳號密碼和驗證碼，封包截取結果如圖 13-7 所示。

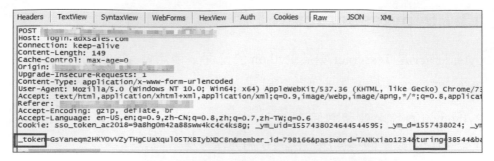

圖 13-7　登入封包截取

透過前面的學習知道，即使是一個簡單的登入過程，也是由很多 HTTP
請求組成的。因此，透過查看對上述位址的登入過程封包截取得到的
HTTP 請求列表，就可以找到與登入位址 Host 相同但 URL 不同的驗證
碼圖片的 HTTP 請求，如圖 13-8 所示。

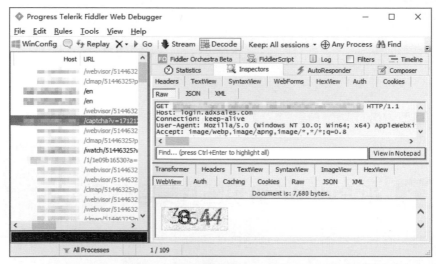

圖 13-8　獲取驗證碼的 HTTP 請求

分析 HTTP 請求，可知登入需要 4 個參數：token、使用者名稱、密碼和
驗證碼。token 字串的獲取我們在第 12 章自動登入中介紹過。實現自動
登入的步驟如下。

步驟 1　發送一個 GET 請求到 ADX 登入頁面，用正規表示法從回應中獲取 token 的字串。

步驟 2　發送一個 GET 請求去獲取圖片，並把圖片存到本機。

步驟 3　用 pytesseract 辨識圖片，得出驗證碼字串，並且對字串進行處理。

步驟 4　發送一個 POST 請求，請求中有 token 字串、使用者名稱、密碼和驗證碼字串，從而實現自動登入。

Python 實現的程式如下。該程式中使用了 Fiddler 作為代理，目的是觀察發出的 HTTP 請求和接收到的 HTTP 回應。

```python
import requests,re,pytesseract
from PIL import Image


sess = requests.session()
pro = {"http":"http://127.0.0.1:8888","https":"https://127.0.0.1:8888"}
# 打開登入的頁面
loginUrl="https://login.a****s.com/en"
loginPageResp=sess.get(loginUrl,verify=False,proxies=pro)
# 獲取頁面中隱藏的token
tokenPattern = r"_token\" type=\"hidden\" value=\"(.*?)\">";
tokenGroup = re.search(tokenPattern,loginPageResp.text)
token=tokenGroup.group(1)
print(token)
# 獲取驗證碼圖片並存入本機
imgUrl = 'https://login.a****e.com/en/captcha?p=24248'
resp = sess.get(imgUrl)
with open('captcha.png', 'wb') as f:
    f.write(resp.content)
print('下載完成')
# 辨識驗證碼
pytesseract.pytesseract.tesseract_cmd = 'C://Program Files (x86)/Tesseract-
```

```
OCR/tesseract.exe'
captcha = pytesseract.image_to_string(Image.open('captcha.png'))
print(captcha)
# 處理驗證碼
captcha = captcha.replace('.','').replace(' ','')
print(captcha)
# 提交登入
loginData = {'_token': token,'member_id':'798166','Password':'TANKxiao1234',
'turing':captcha}
loginResp=sess.post(loginUrl,loginData,verify=False,proxies=pro)
print(loginResp.status_code)
```

13.3 本章小結

本章介紹了圖片驗證碼作為登入驗證的原理，以及使用 Tesseract 進行圖片辨識的方法。本章最後列舉了用 Python+pytesseract 實現辨識圖片驗證碼以自動登入的實例。Tesseract 辨識圖片的正確率不高，需要多重試幾次登入指令檔，才可以實現自動登入。

綜合實例──自動按讚

現在，網站的登入一般會採用驗證碼的方式，如簡訊驗證碼、圖形驗證碼或拼圖驗證等。這樣的驗證碼登入方式提高了網站的安全性，使自動登入不再那麼簡單。我們可以直接使用 Cookie 字串來繞過登入。

14.1　給文章自動按讚

我們以博客園中按讚的範例來講解如何透過 Cookie 的方式實現自動登入，以及登入後如何實現自動按讚功能。博客園的登入採用了拼圖驗證的方式。其中的文章使用者登入後才能按讚。在本節，我們會用指令稿做一個自動按讚的功能，該功能可以一次為很多文章按讚。

14.1.1 拼圖驗證方式

博客園採用的是拼圖驗證方式，如圖 14-1 所示。

圖 14-1 博客園的登入頁面

這樣的驗證方式無法透過圖形辨識來操作，實現自動登入較為困難。第一步無法實現自動登入，後面的操作就沒法進行下去了。此時，我們可以繞過登入來實現目標。

14.1.2 直接使用 Cookie 繞過登入

我們已經知道，登入的原理實際上是瀏覽器用戶端先將使用者名稱和密碼發送給 Web 伺服器，Web 伺服器將一個 Cookie 字串返回給瀏覽器用戶端。之後，瀏覽器和 Web 伺服器之間進行互動時，瀏覽器會一直在 Web 伺服器發送這個與登入資訊有關的 Cookie 字串，以保持登入狀態。了解了登入原理之後，直接使用 Cookie 跳過登入的大致操作是：在網站上我們手動登入並封包截取；首先找到用於登入的 Cookie 字串；然後在需要發送的 HTTP 請求的參數中都增加這個 Cookie 字串。具體操作步驟如下。

步驟1 先在網頁上登入，然後複製與登入相關的 Cookie 字串。

步驟2 把 Cookie 嵌入到其他 HTTP 請求中，這樣做相當於登入。然後使用者就可以進行其他操作了。

步驟3 如果 Cookie 過期了，請重新手動獲取 Cookie。

14.1.3 分析按讚的 HTTP 請求

在直接使用 Cookie 實現自動登入之後，接下來我們用 Fiddler 來分析實現自動按讚功能的 HTTP 請求。具體的分析步驟如下。

步驟1 打開博客園網頁並登入。

步驟2 打開博客園的個人首頁，已登入的使用者才能存取個人首頁。個人首頁的 HTTP 請求中有登入相關的 Cookie，如圖 14-2 所示。

圖 14-2 博客園的個人首頁

步驟3 打開 Fiddler，對這個頁面進行封包截取，封包截取結果如圖 14-3 所示。

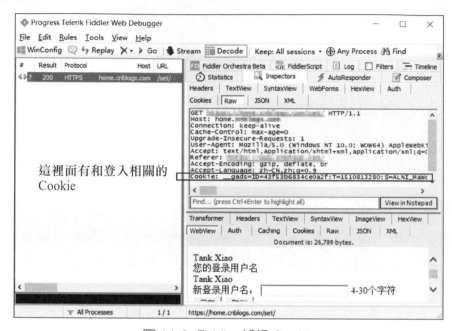

圖 14-3 Fiddler 捕捉 Cookie

Fiddler 捕捉到了個人首頁的 HTTP 請求，請求中有跟登入相關的 Cookie。後續的 HTTP 請求只要帶上這些 Cookie，那麼就是在登入狀態下操作。

步驟4 尋找具體的 Cookie。Cookie 有很多，認真觀察是哪個 Cookie 來保持登入的。尋找方法主要用到了 Fiddler 的重放功能。具體做法是保留一個 Cookie，把其他 Cookie 都刪除，如果此時還能登入成功，說明留下的 Cookie 是用於保持登入的。經過驗證，用於登入的 Cookie 叫作 ".CNBlogsCookie"，如圖 14-4 所示。

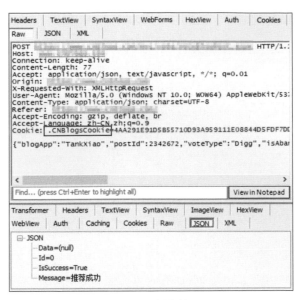

圖 14-4 用排除法找 Cookie

步驟5 獲取博客園文章按讚的請求。打開一篇文章,點擊「推薦」按鈕,如圖 14-5 所示。

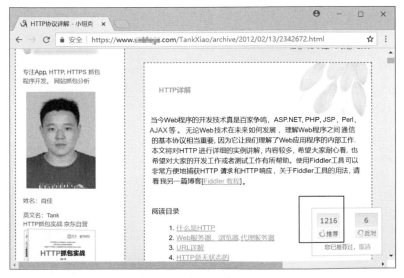

圖 14-5 文章按讚

Fiddler 封包截取後的請求如圖 14-6 所示。

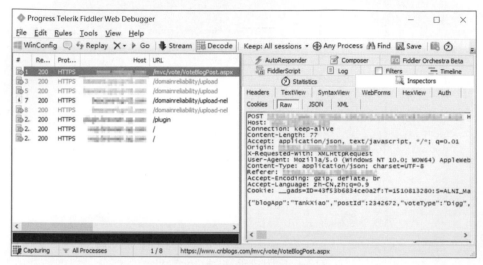

圖 14-6 文章按讚封包截取

我們只要在按讚的 HTTP 請求中帶上登入相關的 Cookie 即可。HTTP 請求用的是 JSON 格式。

```
{"blogApp":"TankXiao","postId":2342672,"voteType":"Digg","isAbandoned":false}
```

上列程式中參數的作用如下。

- blogApp：網誌的名稱。
- postId：網誌文章的 id。
- voteType：Bury 代表反對，Digg 代表推薦。

分析完資料如何請求之後，我們可以用 JMeter 來實現自動按讚，或用 Python 指令稿來實現自動按讚。

14.2 用 JMeter 實現博客園文章自動按讚

透過上一節的內容，我們已經知道了實現博客園文章自動按讚的 HTTP 請求和參數。

現在，我們使用 JMeter 來發送這個 HTTP 請求。JMeter 實現文章自動按讚的操作步驟如下。

步驟 1 增加一個 HTTP 請求，填好 URL 以及資訊主體資料。注意，該資訊主體是一個 JSON 字串，如圖 14-7 所示。

圖 14-7 HTTP 請求

步驟 2 增加資訊表頭管理器，其內容可以從 Fiddler 抓到的封包中的資訊表頭複製（刪除 HOST 資訊表頭，因為 JMeter 會自動加）。注意其中有 Cookie 的資訊表頭，登入相關的 Cookie 就在裡面，如圖 14-8 所示。

圖 14-8 資訊表頭管理器

步驟3 增加「查看結果樹」，點擊「運行」按鈕，透過「查看結果樹」查看執行完的結果，如圖 14-9 所示。

圖 14-9 運行成功

透過 Cookie 直接登入不是什麼時候都能起作用的。原因在於網站是透過伺服器的 Session 對客戶進行判斷，而 Session 在伺服器端往往會設定階段期限，如果到了時間，伺服器會把這個 Session 刪除，那麼 Cookie 也就過期了。

Cookie 過期之後，需要用 Fiddler 重新抓一個 Cookie。

14.3 使用 Python 實現博客園文章自動按讚

透過 Python 來實現對博客園文章自動按讚的程式如下所示。注意，需要加入用於保持登入狀態的 Cookie。

```python
import requests, json

sess = requests.session()
url = "https://www.c****s.com/mvc/vote/VoteBlogPost.aspx"
headers = {'Content-Type': 'application/json'}
# 這步是重點，加入一個Cookie
cookies={'.CNBlogsCookie': '從Fiddler中複製出來'}
voteData={'blogApp':'TankXiao','postId':'2342672','voteType':'Digg',
'isAbandoned':'false'}

resp = sess.post(url,headers=headers,data=json.dumps(voteData), cookies=
cookies,verify=False)
print(resp.text)
```

14.4 本章小結

本章介紹了一種繞過登入的自動登入方法 —— 使用 Cookie 字串。本章以為博客園文章按讚為例,透過 Fiddler 封包截取來分析按讚的 HTTP 請求,並使用 JMeter 和 Python 實現了對文章自動按讚的功能。透過 Cookie 字串來繞過登入,這種辦法比較常用,適用於很多場合。但缺點是只能用一個帳號,如果要切換帳號,那麼需要手動獲取 Cookie,無法做大量不同使用者的登入。

前端和後端

大部分的軟體由前端和後端組成。前、後端一般是分離的,各司其職。透過 HTTP 封包截取分析可以知道前後端大致的互動過程是:前端負責發送 HTTP 請求和解析後端返回的 HTTP 回應;後端主要用來處理 HTTP 請求,然後將 HTTP 回應返回給前端。本章主要介紹前端和後端的區別。在此基礎上,本章還將介紹使用 Fiddler 直接對後端進行測試的方法。

15.1 Web 架構圖

首先介紹一下前端和後端的概念,我們透過一個簡易的 Web 架構圖(見圖 15-1)來直觀地了解一下。

什麼是前端?對 Web 端來說,透過瀏覽器打開的網頁就是前端,這些前端頁面基本上是用 HTML、CSS、JavaScript 等語言寫的。

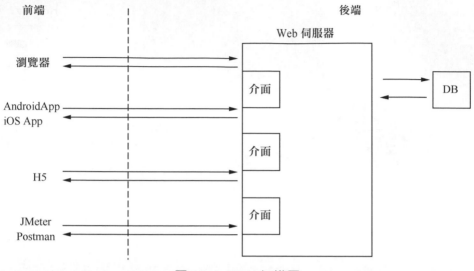

圖 15-1　Web 架構圖

什麼是後端？通俗地講，後端一般處理使用者看不到的那些工作，如保
存資料、處理資料、演算法推送等。後端有時也叫作「後台」，注意，
要將其與後台管理系統區分開。

行動端 App 分為兩種：一種是 Android 版本，是用 Java 開發的；一種
是 iOS 系統，是用 Objective-C 開發的。前端的作用之一就是顯示頁面。

可以看出，前端和後端是獨立的，可以分開測試。介面位於後端的 Web
服務上，Web 服務透過介面對外提供服務。

封包截取可以用於觀察前端和後端是如何互動的。我們可以使用透過封
包截取得到的前端發送的 HTTP 請求來直接和後端互動，從而實現不依
賴於前端的後端測試。

15.2 前端開發和後端開發的區別

開發人員分為前端開發人員和後端開發人員，兩者之間有很大的不同。

15.2.1 展示方式不同

前端開發人員主要做的是使用者能看到的前端展示介面。後端開發人員主要做的是業務邏輯相關的工作，是使用者不可見的。

前端人員主要考慮怎樣讓頁面展示的視覺效果更好、頁面回應速度更快、使用者體驗更加流暢等。後端人員更多的是考慮業務邏輯、資料庫表結構設計、資料儲存、伺服器設定、負載平衡、跨平台 API 設計等使用者看不到的部分。後端人員要保證業務邏輯處理資料的嚴謹，保證資料吞吐的性能。

15.2.2 運行不同

前端的程式主要在用戶端中（手機和平板電腦、電腦等上的應用）運行，而後端的程式主要在伺服器端運行（機房伺服器上，通常在 Linux 系統中運行）。

15.2.3 全端工程師

有時候前、後端之間並沒有明確的界限，前端開發人員通常需要學習後端開發技巧，反之亦然。尤其在特定市場條件下，開發人員需要跨領域的知識，有時甚至需要成為全才。同時負責前端和後端的開發人員，就是我們所稱的全端工程師了。全端的核心，是指這些開發人員能夠承擔包括前端、後端在內的所有功能的開發任務，他們擁有技能「全家桶」。

全端開發人員使用的開發工具根據專案和客戶需求而定。他們需要對 Web 架構的每一個層次（舉例來說，如何架設和設定 Linux 伺服器，編寫伺服器端 API 的過程，如何利用用戶端 Java 程式驅動應用，如何將設計層面的東西轉化到實際的 HTML+CSS+JS 頁面等）都有足夠的了解。

在掌握並使用大量工具的同時，全端開發人員需要高效率地分配伺服器端和用戶端任務，提供解決方案並比較不同方案的優劣。

15.2.4　前端和後端分離

前端和後端分離是近年來 Web 應用程式開發的發展趨勢。這種模式將帶來以下優勢。

- 後端開發人員不必精通前端技術（HTML/JavaScript/CSS），可以只專注於資料的處理，並對外提供介面。
- 前端開發人員的專業性越來越高，他透過呼叫介面來獲取資料，從而專注於頁面的設計。
- 增加了介面的應用範圍，開發的介面既可以應用到 Web 頁面上，也可以應用到移動 App 上，或其他外部系統。

15.3　前端驗證和後端驗證

使用者有時會輸入一些非法資料，程式需要對這些非法資料進行驗證。常見的驗證方式有兩種：前端驗證和後端驗證。

15.3.1　前端驗證

有些資料在前端就可以驗證，例如字串長度、電子郵件格式、手機號碼等。這些資料沒必要提交到後端。

前端驗證是為了提升使用者體驗，可以較快地列出對應提示，而不用等到伺服器回應，這也減少了伺服器的壓力。

前端驗證一般是透過 JavaScript 程式來實現的。

看一段簡單的前端驗證的程式。

```
var username = $("#username").val();

if(username == '') {
    alert("請輸入使用者名稱");
    return;
}
```

如果沒有前端驗證，後端服務就會收到大量的請求，給伺服器造成很多沒必要的壓力，如圖 15-2 所示。

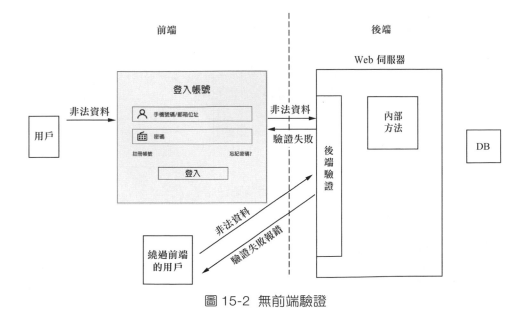

圖 15-2 無前端驗證

15.3.2 後端驗證

後端驗證是必須要有的,後端驗證是保證資料有效性的「防線」,是真正的驗證。一般來說,前端驗證可以阻擋絕大部分使用者發送的非法資料,但還是有一部分使用者可能會採用發送封包或修改封包軟體來繞過前端驗證,從而達到發送非法資料的目的。

如果使用者輸入了非法資料,程式只進行了前端驗證,沒有後端驗證,那麼非法資料也會侵入系統,如圖 15-3 所示。

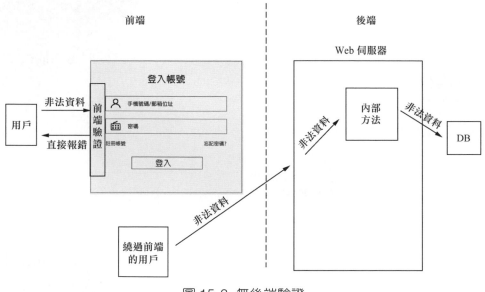

圖 15-3 無後端驗證

15.3.3 前端驗證和後端驗證都需要

如圖 15-4 所示,使用者輸入的資料,正常需要經過 2 次驗證,才能被伺服器處理。

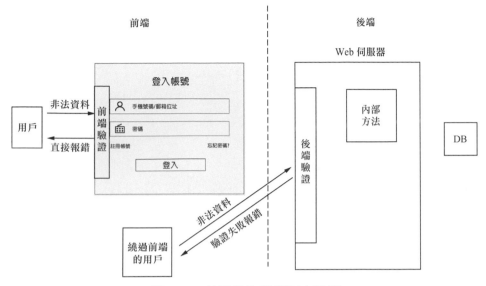

圖 15-4 前端和後端都要有驗證

如果只有前端驗證或後端驗證，有可能會造成嚴重的後果。

15.4 後端驗證的 Bug

圖 15-5 所示的是一個修改密碼的頁面，密碼只能是 6 位純數字密碼。

圖 15-5 修改密碼頁面

軟體測試人員需要有反向思維,規定為只能是 6 位純數字,就一定要測試一下非數字的情況。設計的測試使用案例如下。

標題:設定的新密碼只能使用 6 位純數字。

測試步驟如下。

步驟 1 打開設定新密碼頁面。

步驟 2 輸入正確的舊密碼。

步驟 3 輸入新的支付密碼 "tank88",點擊「確定」按鈕。

期待結果:彈出提示框,提示新密碼不是純數字,修改失敗。

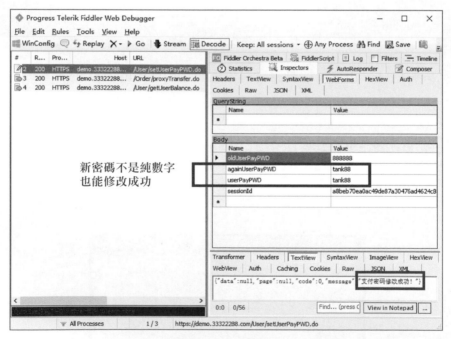

圖 15-6 後端 Bug

從表面上看,上面的這個測試使用案例似乎已經覆蓋了測試修改密碼功能所需要的全部測試點,但事實並非如此。經驗豐富的測試人員會透過

Fiddler 繞過前端驗證，直接修改密碼去測試後端有沒有做純數字的驗證，測試結果如圖 15-6 所示。

這是一個後端 Bug，測試人員應該把 Bug 提交給後端開發人員，而非前端開發人員。

15.5 Fiddler 繞過前端實現投票

測試人員需要測試系統是否做了前端驗證和後端驗證。很多網頁的投票功能沒有做後端驗證，導致使用者可以繞過前端驗證進行大量投票。

例如圖 15-7 所示的投票頁面，當使用者第一次投票的時候可以投票成功；第二次投票的時候，頁面會顯示已經投過票了。

圖 15-7　顯示已經投過票了

如果該投票系統沒有做後端驗證，那麼，使用者在前端進行再次投票的時候才會出現圖 15-7 所示的視窗，提示不能重複投票；而當使用者使用 Fiddler 捕捉前端發送的投票 HTTP 請求，再透過 Fiddler 重複發送這個投票請求，就會實現重複投票，從而達到灌票的目的，如圖 15-8 所示。這一漏洞勢必會破壞公平性，對投票結果造成很壞的影響。

圖 15-8 用 Fiddler 重複發送請求

15.6 後台和後台管理的區別

有時候後端也叫作後台，部分讀者會混淆後台和後台管理的概念。

一般來說，後台管理系統是內容管理系統（Content Manage System，CMS）的子集，它也可以說是一個網站管理系統，內部人員（不是普通使用者）通常用這個系統來控制頁面顯示的系統。例如淘寶的賣家後台管理系統，可以展示已經售出幾件商品，有多少使用者下訂單。

博客園的後台管理系統用於發佈文章，如圖 15-9 所示。

圖 15-9 博客園的後台管理系統

後台管理系統的架構如圖 15-10 所示。

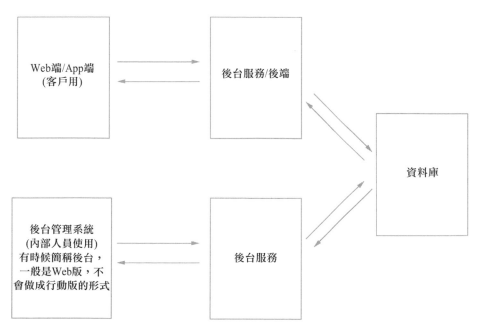

圖 15-10 後台管理系統的架構

15.7　本章小結

本章介紹了前端和後端的區別，還介紹了前端驗證和後端驗證。這些概念雖然比較簡單，但還是存在一定的迷惑性。本章透過幾個實例幫助讀者瞭解了前端驗證和後端驗證的概念和區別。

介面和介面測試

介面也稱為 API，大量的 Web 服務採用介面的方式對外提供服務。Web 頁面、App 和 H5 的後台都使用介面。介面測試近幾年變得非常重要。與 UI 自動化測試相比，介面測試日漸火爆。現在大部分公司要求測試工程師掌握介面測試。本章主要介紹什麼是介面，以及如何做介面測試。

16.1 介面的概念

介面這個概念存在於很多地方，如圖 16-1 所示。

我們平常說的介面是指「HTTP 介面」，因為 WebService 介面已經很少用了。

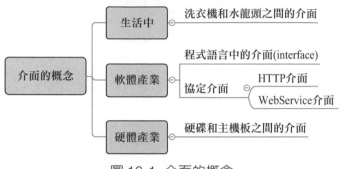

圖 16-1 介面的概念

模組與模組或系統與系統之間的互動都是透過介面進行的。一般使用較為頻繁的是 HTTP 介面。我們通常説的介面測試預設是指基於 HTTP 的介面。

16.1.1 後端介面

對一個具體的軟體系統，介面就是系統前端和後端進行互動的工具，它是實現各種業務場景的必備工具。一般來説，為了實現業務邏輯，介面由後端提供；除此之外，類似於返回圖片或靜態頁面等服務，其介面也來自後端。因此，有時候我們也把介面稱為後端介面。

16.1.2 線上英文 App 範例

圖 16-2 所示的是某個線上英文 App 的預約介面。App 會呼叫後端的預約介面，後端介面透過 JSON 返回所有的預約記錄。然後 App 把 JSON 字串中的資料展現在介面中。

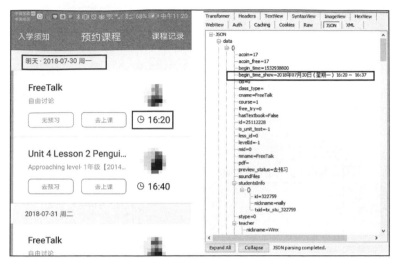

圖 16-2 線上英文預約 App 的前端介面和介面

16.1.3 「我的訂單」的前端和介面

圖 16-3 所示的是「我的訂單」的前端和介面，後端介面透過 JSON 格式
返回訂單資訊，前端把 JSON 資料顯示在網頁上。

圖 16-3 「我的訂單」的前端和介面

16.2　登入介面範例

登入介面是介面開發人員開發的。該介面會去資料庫查詢使用者名稱和密碼，如果驗證通過，會返回登入成功；如果使用者名稱和密碼不匹配，會返回錯誤訊息。登入介面如圖 16-4 所示。

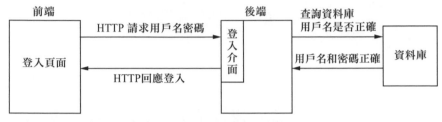

圖 16-4　登入介面

介面開發人員會寫一個介面文件交給前端開發人員，告訴前端開發人員，介面的位址是多少、傳入參數和傳出參數是什麼樣的。前端人員根據介面文件來呼叫這個介面。測試人員也會根據介面文件來呼叫介面。當然，如果公司沒有介面文件，那麼測試工程師只能透過封包截取來查看 HTTP 請求和回應了。

看懂介面文件

登入的介面文件如表 16-1 所示。

表 16-1　登入的介面文件

介面位址	/tools/login.ashx
請求方式	POST
介面描述	使用者登入
輸入參數	txtUserName，使用者名稱為字串類型 txtPassword，密碼為字串類型

輸入範例	txtUserName=tankxiao@outlook.com&txtPassword=111111
輸出參數	{"status":1, "msg":" 會員登入成功！ ","url":"/index.aspx"}

透過這個介面文件，我們可以清晰地看到瀏覽器發送給伺服器的 HTTP 請求的內容，也能看到伺服器返回的 HTTP 的回應內容。

如果看不懂介面文件，説明沒有掌握好 HTTP，需要先去了解 HTTP 的基礎。

16.3　介面文件的維護

介面文件的維護是一件很麻煩的事情，特別是在介面數量很多的情況下，常見的維護方式有以下幾種。

16.3.1　用 Word 文件維護

使用 Word 文件來管理介面文件很不方便，修改和分享都很麻煩。

16.3.2　用 Wiki 頁面維護

在 Wiki 頁面中管理介面文件相對較簡便，推薦使用，如圖 16-5 所示。

圖 16-5　在 Wiki 中管理介面文件

16.3.3　Swagger

Swagger 是一個 API 開發工具，也可以說是一個框架，它可以自動生成介面文件，如圖 16-6 所示。

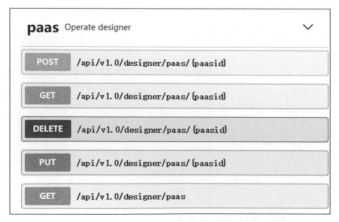

圖 16-6　Swagger 介面文件

Swagger 可以生成一個具有互動性的 API 主控台，開發者可以用它來快速學習和嘗試 API。測試人員也可以在上面快速測試介面。Swagger 測試介面如圖 16-7 所示。

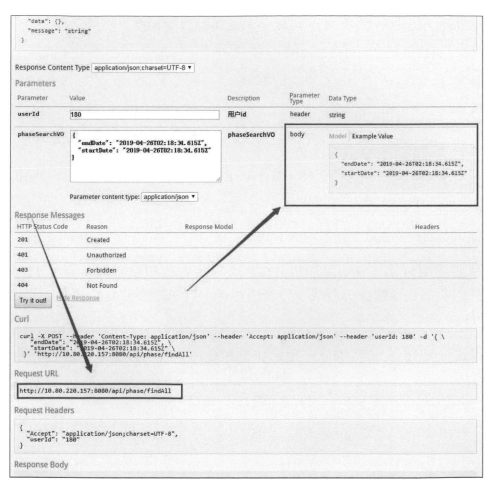

圖 16-7 Swagger 測試介面

16.3.4　呼叫介面的方式

讀懂介面文件之後，接下來就是要知道怎樣呼叫介面。首先，我們需要把表 16-1 中所示的介面部署到一台伺服器上。假設介面已經部署在了 QA 環境上，QA 環境的 IP 位址是 192.168.0.188。接下來用工具來發送 HTTP 請求。

```
POST http://192.168.0.188:8080/tools/login.ashx
HOST:192.168.0.188


txtUserName=tankxiao@outlook.com&txtPassword=111111
```

期待的結果是後端介面返回 {"status":1, "msg":" 會員登入成功！","url": "/index.aspx"}。

如果返回登入失敗，則說明有 Bug。

想要呼叫介面，就必須知道 HTTP 請求的方式和使用的參數。HTTP 請求一般由 3 個部分組成，分別是首行、資訊表頭和資訊主體。組裝 HTTP 請求的步驟如下。

步驟 1　組裝介面的位址，一個網址是由圖 16-8 所示的幾部分組成的。

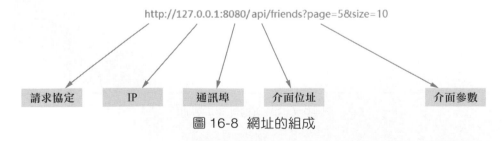

圖 16-8　網址的組成

有的介面用 HTTP，有的介面用 HTTPS，具體使用哪種協定介面文件會進行詳細說明。域名（IP）和通訊埠是會變化的，介面服務部署到哪個系統，就用哪個系統的 IP 位址和通訊埠編號。介面位址是不變的，例如圖 16-8 中的位址 api/friends 是不會變化的。

步驟 2 HTTP 請求使用的是 POST 方法還是 GET 方法，介面文件中會說明。如果是 POST 請求，參數是放在資訊主體中；如果是 GET 請求，參數則放在 URL 後面。

步驟 3 如果是 POST 方法，那麼請確認資料是採用鍵值對還是 JSON 格式。

步驟 4 增加必要的資訊表頭。

這樣就成功地把 HTTP 請求組裝起來了。

16.4　介面測試的工具

我們需要使用工具來發送 HTTP 請求，常用的工具如圖 16-9 所示。

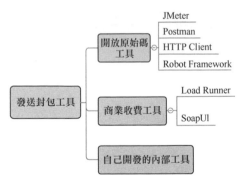

圖 16-9　介面測試的常用工具

不管用哪一種工具測試介面，都是為了發出 HTTP 請求。圖 16-10 簡要列舉了 3 種介面測試工具的工作原理。只要掌握了 HTTP，介面測試工具也就基本會操作了。

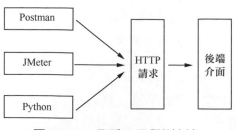

圖 16-10　各種工具發送封包

建議這些工具全部掌握，這樣下面的技能就可以寫到簡歷上，簡歷會變得更有技術含量。

- 熟練使用 Postman 做介面測試。
- 熟練使用 JMeter 做介面測試。
- 熟練使用 Robot Framework 做介面測試。
- 熟練使用 SoapUI 做介面測試。

16.5　介面測試的本質

不管是哪種介面，其本質就是發送一個請求，然後伺服器返回一個回應。我們對回應進行分析，就是介面測試。介面測試的本質如圖 16-11 所示。

圖 16-11　介面的本質

前端開發人員是怎麼呼叫介面的，測試就怎麼呼叫介面。只不過目的不同，前端開發人員通常是正向呼叫介面。測試人員則是正向、反向呼叫介面。

介面的呼叫需要關注入參和出參，如圖 16-12 所示。

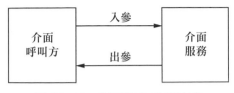

圖 16-12　介面的入參和出參

入參用於 HTTP 請求，出參用於 HTTP 回應。介面一般返回的是 JSON 格式。

16.6　介面測試的目的

前端和後端是獨立的。測試完後端的介面後，就能找出大量的業務邏輯的 Bug。介面測試主要測試後端的業務邏輯，如果後端功能都是正常的，再去測試前端會非常輕鬆。

介面測試對介面文件的要求很高，所有的介面資料類型及業務分支導致的封包返回結構需要事先定義好，所以要養成編寫文件的習慣，以方便同事查閱，從而儘量減少團隊與團隊間的溝通成本。

介面測試一定要檢查返回的回應是否符合需求文件。

16.6.1　介面測試的優勢

介面測試是一種儘早發現錯誤、提高工作效率的測試手段。從這一層面出發，介面測試的優勢如下。

■　越在底層發現 Bug，修復的成本越低。

- 前端 UI 介面不穩定，經常發生變化。如果做 UI 自動化測試，維護成本太高，對測試人員的要求也太高——測試人員不僅需要會編碼，而且還要花費大量的時間去維護自動化指令稿。相對而言，介面測試就容易很多，不會編碼也能做，直接用 Postman 和 JMeter 這樣的工具就能實現。
- 介面測試容易實現自動化持續整合，在很大程度上減少了測試人員的工作量。

性能測試和安全測試都是建立在介面測試的基礎上。介面測試可以模擬一個使用者對介面操作時候的情形。如果把一個使用者修改為多個使用者，例如一萬個，那麼這種多使用者操作介面的情形就可以看作性能測試了。從安全層面來說，介面測試適用於以下情形：

- 只依賴前端進行限制已經完全不能滿足系統的安全要求（繞過前端實在太容易），此時需要後端也進行控制，在這種情況下就需要從介面層面進行驗證；
- 前後端傳輸、記錄檔列印等資訊是否加密傳輸也是需要驗證的，特別是涉及使用者的隱私資訊（如身份證、銀行卡等）時。

16.6.2　介面測試是必需的嗎

你也可以選擇不做介面測試。因為，全面覆蓋的功能測試最終也能夠找出系統存在的 Bug。但這對純手動測試人員來說，工作量較大，每天會被重複的手動測試佔據大量的時間。而介面測試正是能夠把你從這種反覆的工作中抽離出來的一種方法，提高你的工作品質和工作效率。所以說介面測試是測試發展的一種趨勢。強烈建議讀者利用時間學習介面測試，可以節省更多的時間做更有意義的事情。

16.6.3 介面測試需要的知識

目前,常見的介面是 HTTP 介面,該介面是透過 HTTP 呼叫的。介面測試需要哪些方面的知識呢?怎樣才算是掌握了介面測試的知識?下面列出幾個方面供讀者自行檢測。當然,如果你已達到這幾個方面的要求,那麼你也可以把這些內容加入到你的簡歷中,為自己增加一些面試成功的籌碼。

(1)熟悉 HTTP 的知識,熟悉 HTTP 請求和 HTTP 回應的內容。

(2)熟悉狀態碼,以及登入認證的機制(Cookie、token)。

(3)熟悉 JSON 資料格式。

(4)熟練使用 Fiddler 封包截取。

(5)熟練使用瀏覽器開發者工具封包截取。

這些內容本書不再贅述。

16.6.4 介面測試的流程

介面測試實際上是一種黑盒測試,其流程跟功能測試的流程差不多,具體流程如下所示。

(1)開發人員列出介面文件,測試人員分析介面文件。如果沒有介面文件,測試人員需要去封包截取,才能知道介面的入參和出參是什麼。

(2)根據介面文件來設計介面的測試使用案例,測試使用案例要包含詳細的入參和出參數據,以及明確的格式和檢查點。

(3)和開發人員一起對介面測試使用案例進行評審。

(4)使用 Postman 或 JMeter 來實現介面自動化測試。

（5）開 Bug。由於介面沒有 UI 介面，且 Bug 中不能放截圖，所以需要在 Bug 中詳細列出發送的 HTTP 請求和返回的 HTTP 回應，有時候還需要去查詢介面運行的記錄檔。

16.6.5　介面測試的測試內容

介面測試一般可以從以下幾個方面進行考慮：業務功能測試、參數、性能測試和安全測試等。圖 16-13 詳細列舉了每個方面需要考慮的問題。

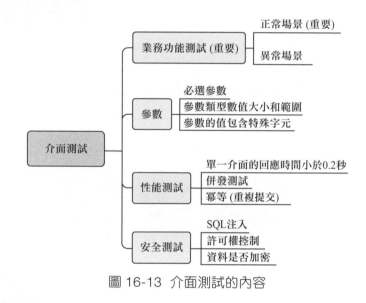

圖 16-13　介面測試的內容

16.6.6　後端介面和前端測試是否重複

後端介面和前端測試在某些方面是重複的。但是後端介面是自動化測試，寫好了基本就可以一勞永逸了。而前端測試需要手動一遍一遍地進行回歸測試。如果後端都測則前端出問題的機率會小很多。

16.7 登入介面的測試使用案例

介面測試當然也要寫測試使用案例了，常用的測試使用案例如下。

- 正確的使用者名稱和密碼，成功登入，回應裡面包含「會員登入成功」。
- 錯誤的使用者名稱和密碼，不能登入，回應裡面包含「會員登入失敗」。
- 使用者名稱為空，不能登入，回應裡面包含「使用者名稱不能為空」。
- 密碼為空，不能登入，回應裡面包含「密碼不能為空」。
- 使用未註冊的使用者名稱，不能登入，回應裡面包含「會員未註冊」。

16.8 介面測試是自動化測試嗎

對於「介面測試是不是自動化測試」，不同的人有不同的看法。自動化測試有狹義和廣義兩種瞭解方式，如圖 16-14 所示。

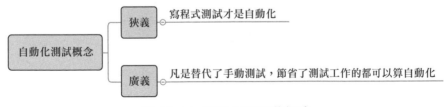

圖 16-14 自動化測試的概念

有的人認為只有寫程式進行測試才能叫自動化測試。例如用程式語言 Python 來測試介面才是自動化測試，而用 JMeter 測試介面不算自動化測試。

有的人認為只要是替代了手動測試，都能算自動化測試。用 JMeter 做介面測試，也算一種自動化測試。

還有很多人認為自動化測試就是 UI 自動化測試，其實 UI 自動化測試只是一種自動化測試而已。

16.9 如何設計介面測試使用案例

表 16-2 是一個取消訂單介面的介面文件。

表 16-2 介面測試使用案例

介面位址	/api/order/cancel
請求方式	POST
請求範例	ordered=B201905160003

這個介面我們至少應該從 3 個方面來測試：功能、安全和性能。測試使用案例如圖 16-15 所示。

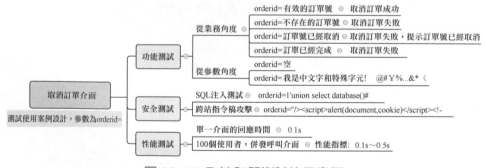

圖 16-15 取消訂單測試使用案例

注意，取消訂單介面不能單獨測試，需要和其他介面一起測試。舉例來說，先呼叫訂單介面，生成一個訂單號，然後把訂單號傳遞給取消訂單介面。

16.10 介面內部狀態碼

對介面返回的結果，介面內部會定義一些狀態碼，用來表示介面執行的結果。舉例來說，{"code":4401,"message":" 訂單不存在 "}。code 中的 4401 是內部定義的狀態碼，這個內部狀態碼和 HTTP 狀態碼是不同的。

有些公司定義的內部狀態碼如下。

- {"code":200,"msg":" 登入成功 "}。
- {"code":201,"msg":" 使用者名稱不存在 "}。
- {"code":202,"msg":" 密碼錯誤 "}。

點擊圖 16-16 中的「確定」按鈕後，頁面出錯。透過封包截取可以看到回應中錯誤程式為 500。這個回應的 HTTP 狀態碼是 200，資訊主體中的 500 是內部定義的狀態碼。

圖 16-16　內部狀態碼

圖 16-17 所示的回應的 HTTP 狀態碼是 200，資訊主體中的 203 是內部
定義的狀態碼。

```
HTTP/1.1 200
Date: Fri, 18 Jan 2019 00:25:51 GMT
Content-Type: application/json;charset=UTF-8
Connection: keep-alive
X-Content-Type-Options: nosniff
X-XSS-Protection: 1; mode=block
Cache-Control: no-cache, no-store, max-age=0, must-revalidate
Pragma: no-cache
Expires: 0
Content-Length: 77

{"statusCode": "203" ,"status":false,"message":"数据未找到","result":null}
            自定義的狀態碼
```

圖 16-17　內部狀態碼

16.11　本章小結

本章圍繞介面和介面測試兩部分展開講解，回答了什麼是介面、如何
呼叫介面、為什麼做介面測試、有哪些介面測試的工具、如何做介面
測試，以及介面測試算不算自動化測試等問題。介面測試實際上實現
起來非常簡單，甚至比普通的 UI 功能測試還簡單。但是掌握介面測試
的人比掌握普通的 UI 功能測試的人要少，原因在於介面測試需要了解
HTTP。

Chapter

17

JSON 資料格式

在介面測試中，伺服器返回的資料一般都是 JSON 格式，因此一定要掌握 JSON 格式的一些基礎。JSON 是一種可以取代 XML 的資料結構，和 XML 相比，它更小巧以至於需要的流量更少，傳遞資料的速度也相對快很多。

17.1 JSON 格式在介面中的應用

在介面中，伺服器和瀏覽器之間的互動一般採用的 JSON 格式表頭中會有一個 Content-Type 的資訊表頭，如圖 17-1 所示。

Content-Type：application/json

Content-Type：application/json

Web 伺服器

圖 17-1 JSON 格式

如何判斷透過 Fiddler 抓到的封包是不是介面呢？一般是看 HTTP 回應中的資訊主體是不是 JSON 格式。

17.2 JSON 的概念

JSON（JavaScript Object Notation）指的是 JavaScript 物件標記法，是一種羽量級的資料交換格式。JSON 採用完全獨立於語言的文字格式，很多電腦語言都支援 JSON。

17.3 JSON 的應用場合

JSON 常見的應用場合如下所示。

- 在 Web 開發中，前端把 HTTP 請求中的資料以 JSON 格式發送給後端。
- 在 Web 開發中，後端把要返回的資料以 JSON 格式放置在回應的資訊主體中。前端收到資料後，對 JSON 格式的資料進行解析。
- 各種服務之間的資料傳輸也經常使用 JSON 格式。

17.4 JSON 的語法

JSON 資料的書寫格式是「名稱 : 值」，例如 "MyName": "Tank Xiao"。

鍵值對用雙引號包括，並用冒號分割（注意用半形）。

完整格式是「名稱 : 值」，並用大括號包裹，例如 {"MyName": "Tank Xiao"}。

典型的 JSON 格式為 {"MyName": "Tank Xiao"}。

需要注意的是鍵的名稱對有大小寫區分，以下兩個 JSON 物件是完全不同的兩個物件。

```
{"MyName": "Tank Xiao"}    //鍵名稱是MyName
{"myName": "Tank Xiao"}    //鍵名稱是myName
```

如果有多個鍵值對，則鍵值對之間用英文逗點分隔。

```
{"MyName": "肖佳","MyAge": "22"}             //2個鍵值對
{"MyName": "肖佳","MySex" :"男","MyAge": "22"} //3個鍵值對
```

如果物件中沒有鍵值對，那這個 JSON 物件就是空白物件。

```
{}     //空白物件
```

17.5 JSON 值的類型

JSON 值的類型如表 17-1 所示。

表 17-1 JSON 值的類型

JSON 值	JSON 字串
數字（整數或浮點數）	{"MyAge": 29}
字串（在雙引號中）	{"MyName": " 肖佳 "}
邏輯值（true 或 false）	{"MyError":true}
陣列（在中括號中）	{"MyName":" 肖佳 ","hobby":[" 寫書 "," 健身 "," 打球 "]}
物件（在大括號中）	{"MyName": " 肖佳 " ,"Others": {"telephone": "13800138000","email": "13800138000@test.com"}}
null（意思是空值）	{"YouValue":null}

17.6　JSON 應該使用雙引號

JSON 官網最新規範規定：如果是字串，那不管是鍵或值最好都用雙引號，而不能用單引號。{"MyName": "Tank Xiao"} 是規範的，而 {'MyName': 'Tank Xiao'} 是不規範的。

17.7　JSON 陣列

JSON 陣列就是多個 JSON 物件組成的集合。

JSON 陣列的書寫格式就是用中括號包含多個 JSON 物件，JSON 物件與 JSON 物件之間用逗點分隔，如下所示。

```
[{"MyName" : "肖佳"},{"MyName" : "肖粟"}]
[{"MyName" : "肖佳", "MyAge" : 36} , {"MyName" : "肖粟", "MyAge": 31}]
```

如果陣列中沒有 JSON 物件，這個 JSON 陣列就是空陣列。如下所示。

```
[]   //空陣列
```

17.8　JSON 的巢狀結構

JSON 的巢狀結構比較複雜，巢狀結構是指 JSON 物件的值不是一個簡單的數值類型，而是一個完整的 JSON 物件，甚至是 JSON 陣列。

JSON 中巢狀結構 JSON 物件。

```
{"MyInfo":{"Name": "肖粟","Height": "180cm"}}
```

上述 JSON 物件格式化後的展開形式如下：

```
{
  "MyInfo": {
    "Name": "肖粟",
    "Height": "180cm"
  }
}
```

這樣就能在一個節點中顯示多個訊息。

同樣，可以在節點中顯示集合，也就是在 JSON 中巢狀結構陣列，如下所示。

```
{"MyAddress":[{"Province":"江西","City":"萍鄉"},{"Province":"江蘇","City":"昆山"}]}
```

格式化後展開如下。

```
{
  "MyAddress": [
    {
      "Province": "江西",
      "City": "萍鄉"
    },
    {
      "Province": "江蘇",
      "City": "昆山"
    }
  ]
}
```

軟體測試人員學好 JSON 有什麼作用呢？既然知道在 Web 開發過程中 HTTP 請求和 HTTP 回應的資料都透過 JSON 格式傳輸，那麼學好 JSON

可以熟練地運用 JMeter、Postman 等發送封包工具測試後台的介面,並
對介面返回出來的 JSON 資料進行 Bug 分析。

17.9　JSON 格式錯誤

圖 17-2 所示的是一個介面測試人員在 JMeter 中填寫的 JSON 字串,字
串出現了錯誤,原因在於它不是一個合法的 JSON 資料。為了避免這種
情況的發生,我們可以使用一些 JSON 的解析工具先檢查下 JSON 資料
是否合法。

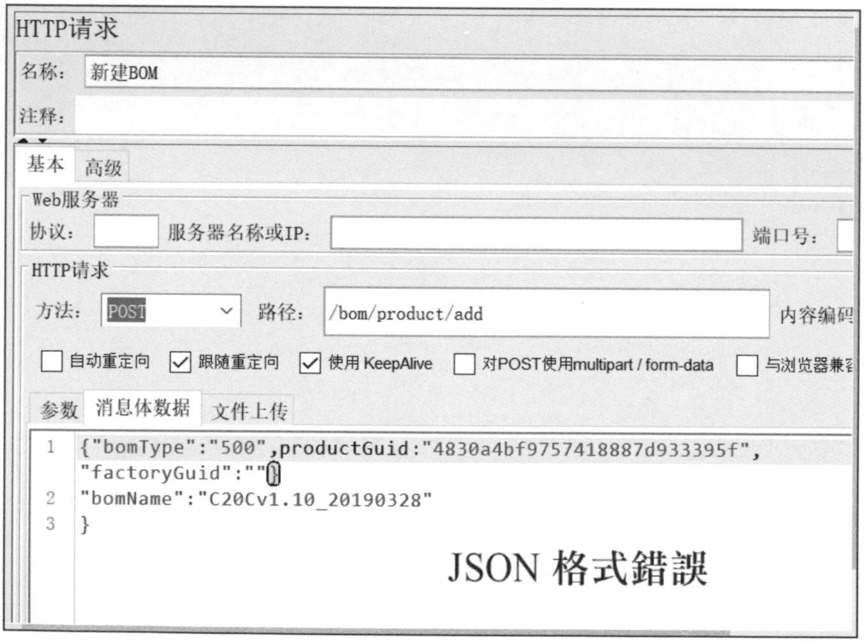

圖 17-2　JMeter 中的 JSON 格式錯誤

17.10 JSON 解析工具

JSON 雖然易於瞭解、可讀性強，但是書寫的時候容易出錯。為了檢查是否出錯，我們需要驗證 JSON 資料的正確性。JSON 資料如果很長的話看起來不方便，我們可以使用工具來格式化。

17.10.1 線上的解析工具

圖 17-3 所示的是比較常用的線上 JSON 解析工具。

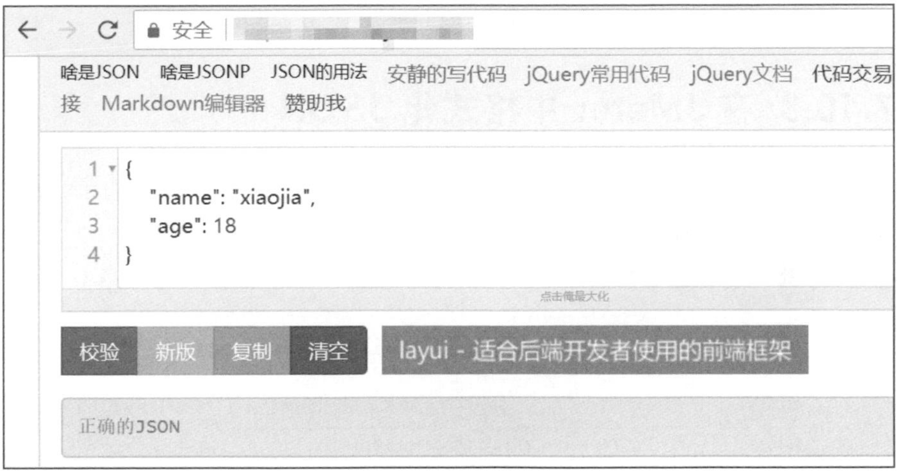

圖 17-3 線上 JSON 解析

17.10.2 用 Notepad++ 格式化 JSON

Notepad++ 中安裝了一個 JSON Viewer，它可以格式化 JSON 字串，如圖 17-4 所示。

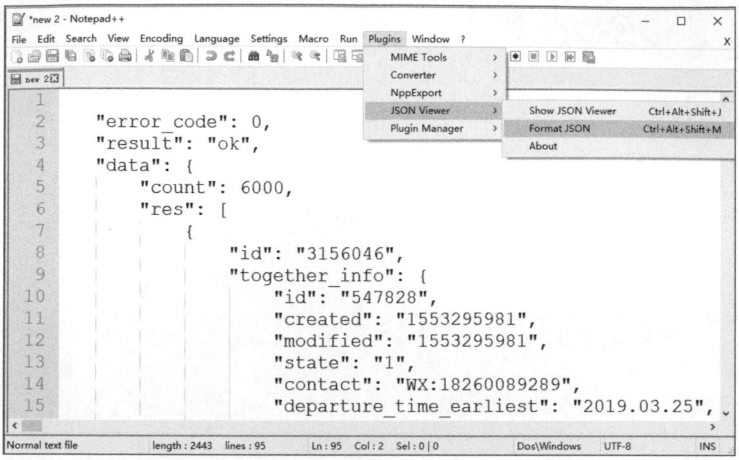

圖 17-4　用 Notepad++ 格式化 JSON

17.10.3　在 JMeter 中格式化 JSON

JMeter 也可以進行格式化 JSON 的操作。大致的操作步驟是在查看結果樹中選擇 JSON Path Tester，如圖 17-5 所示。

圖 17-5　在查看結果樹中格式化 JSON

17.10.4 在 Fiddler 中格式化 JSON

Fiddler 中的 HTTP 請求中的 JSON 資料和 HTTP 回應中的 JSON 資料都可以被格式化，如圖 17-6 所示。

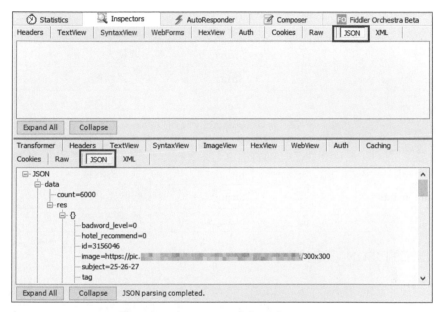

圖 17-6 在 Fiddler 中格式化 JSON

17.11 拼接 JSON 字串

測試人員要具備拼接 JSON 字串的能力，可以透過介面文件中的參數說明拼接出一個 JSON 字串。下面是一個介面文件範例。其中，JSON 參數說明如表 17-2 所示，receiver 參數說明如表 17-3 所示。

- 請求方式為 POST。
- HTTP 表頭為 Content-Type:application/json。

◆ 17.11　拼接 JSON 字串

表 17-2　資訊主體的 JSON 參數說明

參數名	必選	類型	說明
order_id	是	String	總訂單號
title	是	String	訂單名稱
order_time	是	Long	下單時間，timestamp
source	是	String	物流 code:jd
receiver	是	String	收貨人
status	是	String	訂單狀態

表 17-3　receiver 參數說明

參數名	必選	類型	說明
account_id	是	Int	帳號的編號
account_name	否	String	帳號姓名
phone	否	String	電話

拼接出來的 JSON 字串如下。

```
{
    "order_id": "1210011480677009999152",
    "title": "生日禮物-情人節",
    "order_time": "1557006122",
    "source": "jd",
    "receiver": {
        "account_id": 1811111,
        "account_name": "tank xiao",
        "phone": "1367197845"
    },
    "status": "shipped"
}
```

17.12　JMeter 中的 JSON 提取器

在用 JMeter 進行介面測試的時候，後一個介面經常需要用到前一個介面返回的資料，它需要獲取前一次請求的結果值，將其給後面的介面使用。這種情況叫作連結。

如果返回的資料是 JSON 格式，那麼既可以用正規表示法從 JSON 字串中提取資料，也可以用 JSON 提取器來提取資料。

例如需要從「我的訂單」的回應中提取訂單號，具體步驟如下。

步驟 1　先到「查看結果樹」中，選擇 JSON Path Tester，來測試 JSON Path 運算式是否正確，如圖 17-7 所示。

圖 17-7　JSON Path Tester

步驟2 在 HTTP 請求下面增加一個 JSON 提取器，該提取器可以把資料提取到變數中，如圖 17-8 所示。

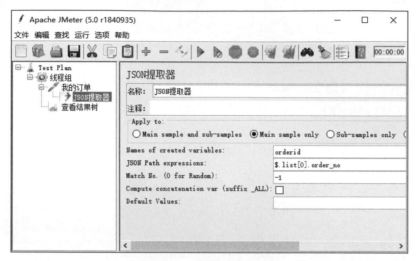

圖 17-8 JSON 提取器

17.13 本章小結

本章介紹了 JSON 的基礎知識，包括 JSON 的概念、JSON 的語法、JSON 的巢狀結構、JSON 的解析工具、拼接 JSON 字串的方法，以及 JMeter 中的 JSON 提取器等。測試人員應該熟練掌握這些知識。

HTTP 和 RESTful 服務

RESTful 服務又稱為 Web API，也稱為 Web 介面。HTTP 提供了卓越的介面來實現 RESTful 服務。

RESTful 已經成為最重要的 Web 應用技術之一，大多數 Web 和行動應用選擇使用 REST。隨著技術朝 API 方向發展，RESTful 的重要性持續增長。現在，主要的程式語言已經包含了建構 RESTful Web 服務的框架，大部分的 RESTful 服務使用 HTTP 作為底層協定。

前端裝置（如智慧家居、運動手環、掃地機器人等）層出不窮，它們一般會使用 RESTful 這樣的介面來互動。因此必須要有一種統一的機制，來方便不同的前端裝置與後端進行通訊。

18.1 什麼是 RESTful

表達性狀態轉移（Representational State Transfer，REST）是一種軟體架構風格，不是標準，所以既可以遵守也可以不遵守。REST 主要用於建構羽量級、可維護的、可伸縮的 Web 服務。基於 REST 建構的 API 就是 Restful 風格。

通俗地講，RESTful 就是用 URL 定位資源，使用 HTTP（GET、POST、PUT、DELETE）實現 CURD（創建、更新、讀取、刪除）操作。

例如有一個 users 介面，對於該介面進行增、刪、改、查 4 種操作。

- 增加，URL: https://www.tankxiao.com/v1/users，HTTP 方法：POST。
- 刪除，URL: https://www.tankxiao.com/v1/users，HTTP 方法：DELETE。
- 修改，URL: https://www.tankxiao.com/v1/users，HTTP 方法：PUT。
- 尋找，URL: https://www.tankxiao.com/v1/users，HTTP 方法：GET。

上面定義的 4 個介面就是符合 REST 協定的。請注意這幾個介面都沒有動詞，只有名詞，都是透過 HTTP 請求的介面類別來判斷是什麼業務操作的。

舉個反例，例如 URL 為 http://www.tankxiao.com/v1/delete/users，該介面用來刪除使用者，這不符合 REST 協定的介面。

一般介面的返回值是 JSON 或 XML 類型，現在大部分是 JSON 類型。

可以用 HTTP Status Code 傳遞 Server 的狀態資訊。例如常見的 200 表示成功，500 表示 Server 內部錯誤，403 表示 Bad Request 等。（反例：傳統 Web 開發返回的狀態碼一律都是 200，其實不可取。）

18.2 RESTful 的優點

RESTful 有很多的優點。本章主要介紹兩個：前後端分離和統一服務介面。

Java 工程師專注業務功能的開發，前端工程師可以使用 Vue.js 這樣的技術專注前端開發。目前越來越多的網際網路公司開始實行前後端分離，這可以提升開發的效率。

如圖 18-1 所示，在專案開發過程中使用 RESTful 架構（REST API）可以實現前後端分離。大致的想法為前端開發人員拿到資料後只負責展示和繪製，不對資料做任何處理；後端開發人員處理資料並將其以 JSON 格式傳輸出去。

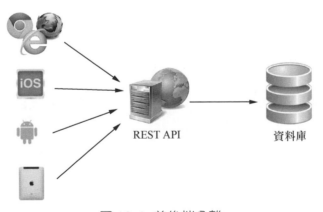

圖 18-1　前後端分離

Web、iOS 和 Android 這 3 個用戶端可以共用一套統一的介面。iOS、Android、微信小程式、H5、PC 端等，都可以使用同樣的一套服務介面，因此 RESTful 是一個比較好的選擇。

18.3　RESTful 的主要原則

RESTful 主要有以下幾個原則。

18.3.1　以資源為核心

網路上的所有事物都可以被抽象為資源，資源既可以是一個實體，也可以是一個過程。商品是資源，庫存是資源，價格也是資源，圖片、視訊檔案、網頁、商業資訊或電腦系統中可以表述的任何事物都可以抽象為資源。服務的目的是提供一個視窗以便用戶端能存取這些資源。

18.3.2　每個資源設定唯一的 URL

每個網址代表一種資源（resource），所以網址中不能有動詞，只能有名詞，而且所用的名詞往往與資料庫的表名對應。一般來說，資料庫中的表是同種記錄的「集合」（collection），所以 API 中的名詞也應該使用複數。

舉例來說，某一個 API 提供學校的資訊，包括學生和老師的資訊，則它的路徑應該設計成如下所示。

https://api.tankxiao.com/v1/classes
https://api.tankxiao.com/v1/teachers
https://api.tankxiao.com/v1/students

18.3.3　透過標準的 HTTP（HTTPS）方法操作資源

操作（呼叫）資源可使用 HTTP 中的標準方法，括號裡面是對應的 SQL 命令。

- GET（SELECT）：從伺服器調取資源（一項或多項）。

- POST（CREATE）：在伺服器中新建一個資源。
- PUT（UPDATE）：在伺服器中更新資源（用戶端提供完整資源資料）。
- PATCH（UPDATE）：在伺服器中更新資源（用戶端提供需要修改的資源資料）。
- DELETE（DELETE）：從伺服器刪除資源。

還有兩個不常用的方法。

- HEAD：獲取資源的中繼資料。
- OPTIONS：獲取資訊，關於資源的哪些屬性是用戶端可以改變的。

表 18-1 所示的是一些操作資源的範例，包括請求及請求的含義。

表 18-1　操作資源的範例

請求	含義
GET /users	列出所有的使用者
POST /users	新建一個使用者
GET /users/ID	獲取某個使用者的資訊
PUT /users/ID	更新某個使用者的資訊
DELETE /users/ID	刪除某個使用者

18.3.4　過濾資訊

如果返回的記錄數量很多，那麼伺服器不可能將它們都返回給使用者。API 應該提供參數來過濾返回的結果，如表 18-2 所示。

表 18-2　常見的參數

請求	含義
GET /users?page=1&limit=20	查詢第幾頁的資訊，以及該資訊的限制數
GET /users?sortby=name&order=asc	返回的結果排序
GET /user?email=tankxiao@outlook.com	制訂篩選條件

18.3.5 資源的表現層可以是 XML、JSON 或其他

資源的表現層是指資源被呼叫後，其呈現的資料格式一般以 JSON 和 XML 居多。其中，JSON 格式可以直接被 JavaScript 使用。

RESTful 服務的焦點在資源上，以及如何對資源進行存取。一般來說，資源都對應著資料庫的資料表。

一旦定義好了資源，接下來就需要找到一種用於在系統中標識這些資源的方法，你可以使用任何格式來標識資源，RESTful 對此沒有限制。

舉例來説，你可以使用 JSON 或 XML。如果你在建構 Web 服務，此服務用於 Web 頁面中的 AJAX 呼叫，那 JSON 是很好的選擇。XML 可以用來表示比較複雜的資源。舉例來説，一個名為 Person 的資源可以如下表示。

資源的 JSON 表示。

```
{
    "id": "1",
    "name": "tank xiao",
    "email": "tankxiao@outlook.com",
    "birth": "19840712"
}
```

資源的 XML 表示。

```
<person>
    <id>1</id>
    <name>tank xiao </name>
    <email>tankxiao@outlook.com</email>
    <birth>19840712</birth>
</person>
```

實際上 90% 以上的 Web 服務採用 JSON 格式。

18.3.6　認證機制

由於 RESTful 風格的服務是無狀態的,所以認證機制尤為重要。例如員工薪水,這應該是一個隱私資源,只有員工本人或其他少數有許可權的人才有資格看到,如果不通過許可權認證機制對資源做一些限制,那麼所有資源都會以公開的方式曝露出來,這是不合理的,也是很危險的。

認證機制解決的問題是確定存取資源的使用者是誰;許可權機制解決的問題是確定使用者是否被許可使用、修改、刪除或創建資源。許可權機制通常與服務的業務邏輯綁定,因此許可權機制需要在每個系統內部訂製,而認證機制基本上是通用的,常用的認證機制包括 session auth(透過使用者名稱密碼登入)、basic auth、token auth 和 OAuth,服務開發中常用的認證機制是 token auth 認證。

在發起正式的請求之前,需要先透過登入的請求介面來申請一個叫 token 的東西。申請成功後,後面其他的請求都要帶上這個 token,伺服器端透過這個 token 來驗證請求的合法性,token 通常都有有效期,一般為幾小時。

此外,HTTP 介面開發人員還需要提供完整的介面文件,給前端人員或測試人員查看。

18.3.7　錯誤處理

如果狀態碼是 4××,就應該向使用者返回出錯資訊,一般用 error 作為鍵名,出錯資訊作為鍵值。例如:

```
{
    "error":"invalid email"
}
```

18.4　本章小結

本章介紹了 RESTful 的基礎知識。了解 RESTful 的風格可以幫助測試人員更進一步地測試介面。

Chapter

19

用 Postman 測試分頁介面

本章用一個真實的例子來演示如何對介面進行測試，以及如何使用 Postman 工具來實現介面自動化測試。

19.1 介面介紹

本章用到的介面叫作分頁介面。我們經常會在頁面上看到一些用分頁控制項來顯示資料的清單。這種控制項的實現原理就是呼叫分頁介面。分頁介面的前台頁面如圖 19-1 所示，分頁介面文件如表 19-1 所示。

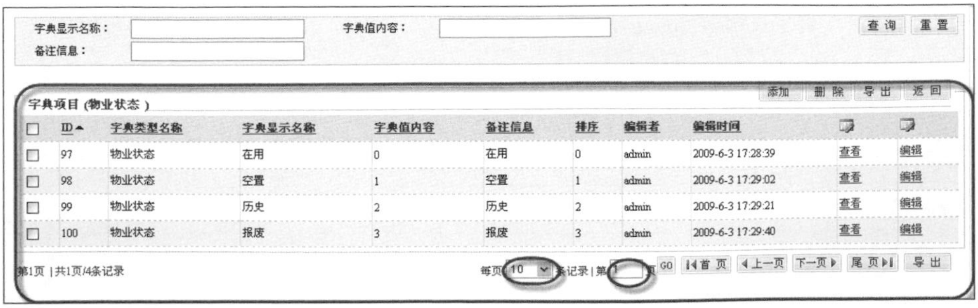

圖 19-1 分頁前台頁面

表 19-1 分頁介面文件

介面位址	/tools/login.ashx/thread.php?action=getTogether
請求方式	POST
介面描述	返回遊客的旅遊資訊
輸入參數	page：頁數 limit：數量
輸入範例	page=1&limit=10

分頁介面比較簡單，只有兩個參數，因此分析起來很容易。一般來説，參數越多，介面功能就越複雜，測試使用案例也就越多。

19.2 設計測試使用案例

進行介面測試也需要先設計測試使用案例，測試使用案例如表 19-2 所示。

表 19-2 介面測試使用案例

前置條件	測試資料	期望結果
資料庫有 50 萬筆資料	page=1&limit=10	返回 10 筆資料
資料庫有 50 萬筆資料	page=1&limit=10000	返回 10000 筆資料
資料庫有 50 萬筆資料	page=2&limit=1000	返回 1000 筆資料
資料庫有 50 萬筆資料	page=&limit=	返回 400 錯誤，參數不能為空
資料庫有 50 萬筆資料	page=2&	伺服器錯誤，伺服器未能實現合法的請求
資料庫有 50 萬筆資料	page=a 中文 &limit=bcd	返回 400 錯誤，參數只能為數字
資料庫有 50 筆資料	page=1&limit=100	返回 50 筆資料
資料庫有 50 筆資料	page=2&limit=30	返回 20 筆資料
……	……	……

19.3 用 Postman 實現介面自動化

本節採用 Postman 來實現上面介紹的分頁介面的自動化測試。

19.3.1 Postman 介紹

Postman 是一款介面測試工具，可以發送 HTTP（HTTPS）請求來進行介面測試。目前 Postman 只有英文版。Postman 可以在 Windows 系統、iOS 和 Linux 系統上運行。開發人員喜歡用 Postman，測試人員更喜歡用 JMeter。

使用者可從 Postman 官網上下載 Postman。

19.3.2 Postman 的使用

Postman 測試管理的單位是測試集（collection），在測試集內你可以創建資料夾（folder）和具體的請求（request）。使用 Postman 時可以註冊一個帳號，這樣寫的指令稿就可以保存到帳號中，以實現多平台雲同步。使用 Postman 的步驟如下。

步驟 1 點擊 New → Request，填好 HTTP 請求的首行和資訊主體，如圖 19-2 所示。其中資訊表頭暫不需要填寫。如果介面有明確要求，再根據要求修改。

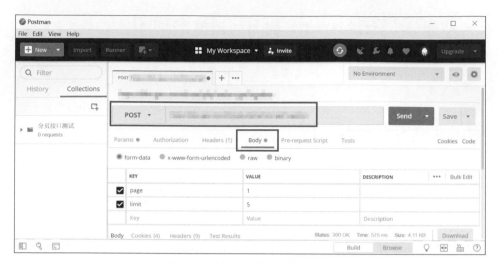

圖 19-2　填好首行和資訊主體

步驟 2　點擊 Save As 按鈕把指令稿存到 Collections 中，如圖 19-3 所示。

圖 19-3　保存指令稿

步驟 3　增加一個回應斷言，用來判斷測試結果是否和預期一致，如圖 19-4 所示。

步驟 4　點擊 Send 按鈕來發送 HTTP 請求。運行結果如圖 19-5 所示。

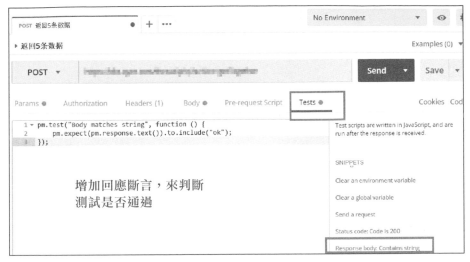

圖 19-4　增加斷言

圖 19-5　運行指令稿

步驟 5 回應斷言通過的話，Test Results 中的 PASS 標示顯示為綠色。可以透過顏色判斷測試是否通過，如圖 19-6 所示。

圖 19-6　檢查測試結果

到目前為止，我們寫入好了 一筆測試使用案例，還需要把其他測試使用案例也寫成自動化測試，如圖 19-7 所示。測試使用案例都放在測試集中，這樣指令稿可以重複運行。

圖 19-7　介面自動化測試

介面測試要驗證回應的狀態碼，如果狀態碼是 500，則說明有 Bug。如果狀態碼是 2××，則代表介面回應成功，此時還需要看返回的資料對不對。

19.4 介面測試的發展方向

初學者剛開始用 JMeter，會寫程式後可以用 Python 實現介面自動化測試，以後還可以做性能測試。介面測試的發展方向如圖 19-8 所示。

圖 19-8 介面測試發展方向

19.5 本章小結

本章以一個分頁介面為實例，選用 Postman 作為介面測試工具，演示了介面自動化測試的完整過程。Postman 的用法非常簡單，比 JMeter 還簡單，因此很多公司使用 Postman 做介面測試。

◆ 18.4 　本章小結

用 **JMeter** 測試單一介面

本章用 JMeter 工具來實現介面自動化測試和資料驅動測試。

20.1 JMeter 介紹

JMeter 是一個開放原始碼的介面,也是一個性能測試工具,常用來進行介面測試和性能測試。JMeter 是用 Java 開發的,因此使用 JMeter 需要安裝好 Java,並設定好 Java 的環境變數。

接下來透過一個範例來介紹如何使用 JMeter。

20.2 增加客房介面介紹

在酒店客房系統中,需要有一個新增客房的功能,其 UI 介面如圖 20-1 所示。

圖 20-1　新增客房的 UI 介面

表 20-1 所示的是增加客房的介面文件，從表中可以看到這個介面只需要兩個輸入參數，初步估計 10 個左右的測試使用案例就能測全該功能。

表 20-1　介面文件

介面位址	/api/rooms
請求方式	POST
請求格式	JSON
介面描述	增加一個客房
輸入參數	roomNo：房間號，資料類型為字串 type：房間類型，資料類型為字串，〔目前只有 3 個類型，按天計算的房間（下面簡稱天房）、小時房、按月計算的房間（下面簡稱月房）〕
輸入範例	{"roomNo":"201","type":" 天房 "}
輸出參數	{"code":"20005","message":" 新增成功 "}

20.3　設計介面的測試使用案例

根據表 20-1 所示的兩個參數，我大概設計了 7 個測試使用案例，如圖 20-2 所示。

正確增加一個客房，類型是 "天房" ⊝ {"roomNo":"1808", "type":"天房"} ⊝ 期待結果：增加成功

正確增加一個客房，類型是 "月房" ⊝ {"roomNo":"1809", "type":"月房"} ⊝ 期待結果：增加成功

正確增加一個客房，類型是 "小時房" ⊝ {"roomNo":"1820", "type":"小時房"} ⊝ 期待結果：增加成功

房間號重複，不能增加 ⊝ {"roomNo":"1808", "type":"天房"} ⊝ 期待結果：增加失敗，狀態碼是400，回應裡面有增加失敗的文字

房間號為空，不能增加 ⊝ {"roomNo":"", "type":"天房"} ⊝ 期待結果：增加失敗，狀態碼是400，回應裡面有增加失敗的文字

正確增加一個客房，類型不存在 ⊝ {"roomNo":"1821", "type":"年房"} ⊝ 期待結果：增加失敗

正確增加一個客房，類型是空 ⊝ {"roomNo":"1822", "type":""} ⊝ 期待結果：增加失敗

圖 20-2　增加客房的介面測試使用案例

20.4　JMeter 的操作過程

JMeter 的詳細操作步驟如下所示。

步驟 1　打開 JMeter，在「測試計畫」下面增加一個執行緒組，再增加一個 HTTP 請求預設值，填寫「協定」、「伺服器名稱或 IP」、「通訊埠編號」和「路徑」，如圖 20-3 所示。

圖 20-3　增加 HTTP 請求預設值

步驟2 增加 HTTP 請求資訊表頭,再增加一個 Content-Type:application/ json,如圖 20-4 所示。

圖 20-4 增加資訊表頭管理器

步驟3 在「執行緒組」下面增加一個 HTTP 請求,並在 HTTP 請求中填好資訊主體的內容,如圖 20-5 所示。

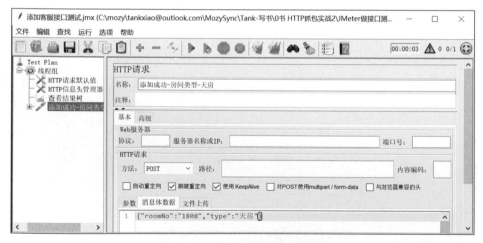

圖 20-5 填好資訊主體的內容

步驟4 增加回應斷言，如圖 20-6 所示。斷言其實就是期待結果，期待結果和測試結果不一致的時候，測試結果的顏色就會變為紅色。從測試結果的顏色就能判斷測試是通過還是失敗。

圖 20-6 增加回應斷言

步驟5 增加一個查看結果樹，運行並查看測試結果，如圖 20-7 所示。

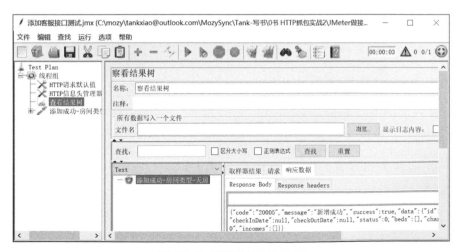

圖 20-7 運行並查看結果

步驟 6　把另外幾個測試使用案例按同樣的方法來實現,如圖 20-8 所示。

圖 20-8　實現所有的測試使用案例

用 JMeter 做介面測試非常方便。這個介面大概 30min 能全部測完。如果碰到參數很多而且有依賴的介面,則用時會更長一點。

20.5　資料驅動測試

資料驅動測試就是把測試的指令稿和測試的資料分開。舉例來說,用 Excel 表格來保存測試資料,用測試指令稿讀取 Excel 並執行測試。如果需要新加 一筆介面測試使用案例,則只需要在 Excel 中增加一行資料。

我們可以把資料存放在 CSV 檔案或 txt 檔案中。CSV 是非常通用的一種檔案格式,它可以非常容易地匯入各種表格及資料庫。在 CSV 檔案中,一行即為資料表的一行。生成資料表的欄位用半形逗點隔開。CSV 檔案用記事本和 Excel 都能打開,用記事本打開顯示逗點;用 Excel 打開,則逗點用於分列。

現在把上面的例子改為資料驅動。我們用 txt 檔案保存測試資料，用 CSV 檔案保存也可以。資料驅動的步驟如下所示。

步驟1 新建一個 data.txt 檔案，向其輸入測試資料，如圖 20-9 所示。

圖 20-9　data.txt 的內容

步驟2 在 JMeter 中增加一個 CSV 資料檔案設定。設定如圖 20-10 所示，需要注意的是，分隔符號用逗點表示，因為 data.txt 中也是用的逗點。還需要注意檔案編碼的問題，如果後面呼叫變數的時候中文字出現了亂碼，就是檔案編碼不對。一般檔案編碼是 UTF-8。

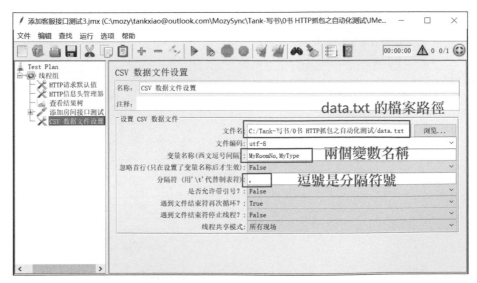

圖 20-10　CSV 資料檔案設定

步驟3 在 HTTP 請求中呼叫兩個變數，如圖 20-11 所示。

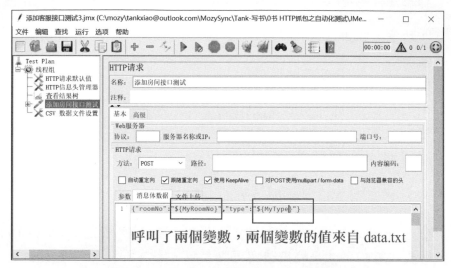

圖 20-11　在 HTTP 請求中呼叫變數

步驟4 設定執行緒組，把「執行緒數」調大，如圖 20-12 所示。

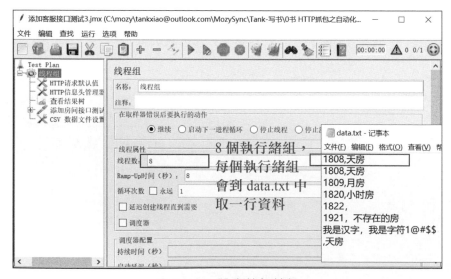

圖 20-12　設定執行緒組

注意：使用 .txt 檔案或 .CSV 檔案是一樣的。如果後續要增加新的測試使用案例只需要在 data.txt 中增加一行測試資料即可。

在圖 20-12 中，Ramp-up 是指多少秒後達到最大執行緒數。圖 20-12 中的「Ramp-Up 時間（秒）」應該填 8s，而非 1s。填 8s 的意思是每秒啟動 1 個執行緒；填 1s 的意思是 1s 啟動 8 個執行緒。

另外還需要把期待結果也加入到 data.txt 中，這樣才能把回應斷言參數化。

20.6 本章小結

本章以增加客房介面為範例，選用 JMeter 作為介面測試工具，演示了介面自動化測試的完整過程。JMeter 做介面測試中比較進階的用法是利用 CSV 檔案來實現資料驅動測試。

◆ 20.6 本章小結

介面的 token 認證

API 介面對外提供服務的時候，有時會使用 token 認證。

21.1 介面的認證

某個 API 的查詢介面為 https://api.tank.test/getusers?user=tankxiao。呼叫
這個介面就可以獲取使用者的資訊，但這樣的方式存在非常嚴重的安全
性問題，因為沒有進行任何的驗證，任何人都可以呼叫。

我們需要對這個介面進行認證，擁有合法身份的用戶端才能呼叫。

目前常見的認證方式如圖 21-1 所示。

圖 21-1 介面的認證

21.2 token 認證

本節用一個貨運 App 作為範例來講解 token 認證。

步驟 1 打開貨運 App，輸入正確的使用者名稱和密碼，打開 Fiddler，點擊 App 的登入按鈕，Fiddler 封包截取的結果如圖 21-2 所示。

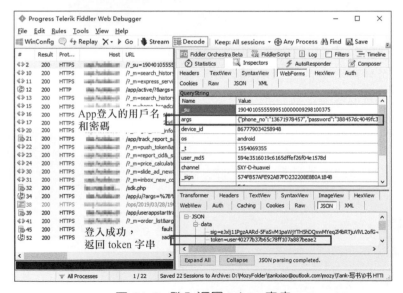

圖 21-2 登入返回 token 字串

從抓到的封包中可以看到 App 發送正確的使用者名稱和密碼給 Web 伺服器，Web 伺服器返回了一個 token 字串。

步驟2 在 App 中隨便點擊一些按鈕，從抓到的封包中可以發現每次互動都攜帶了 token 字串，如圖 21-3 所示。

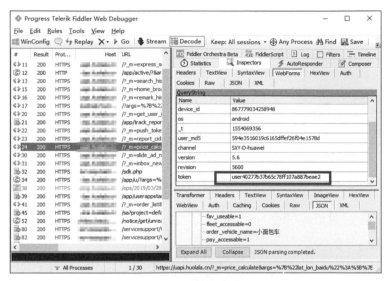

圖 21-3 每次互動攜帶 token 字串

從抓到的封包可以看到 App 和 Web 伺服器的互動，並且 HTTP 請求都會攜帶 token 字串。

從上述範例中可以看出基於 token 的身份驗證的過程，如圖 21-4 所示。

（1）用戶端發送 HTTP 請求給伺服器端，HTTP 請求中包含使用者名稱和密碼。

（2）伺服器端驗證使用者名稱和密碼，並給用戶端返回一個簽名的token。

（3）用戶端儲存 token，每次發送請求時都會攜帶該 token。

（4）伺服器端驗證 token 並返回資料。

（5）用戶端以後每次發送請求時都會攜帶這個 token 字串。

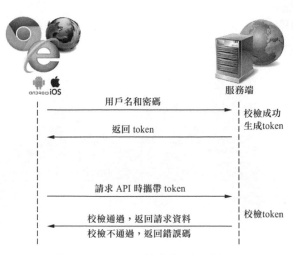

圖 21-4　token 的身份驗證過程

21.2.1　呼叫天氣預報介面

下面是一個天氣預報的介面文件。表 21-1 是該介面的測試使用案例，其中所涉及的參數說明見表 21-2。

表 21-1　介面測試使用案例

介面位址	http://v.j****.cn/weather/index
返回格式	JSON/XML
請求方式	GET
請求範例	http://v.juhe.cn/weather/index?cityname= 上海 &key= 你申請的 KEY

表 21-2　介面請求參數說明

名稱	必填	類型	說明
cityname	Y	string	城市名或城市 ID，如「蘇州」，需要 URL 編碼
dtype	N	string	返回資料格式可以為 JSON 或 XML，預設 JSON
format	N	int	未來 (future)7 天預報有兩種返回格式：1 或 2，預設 1
key	Y	string	用於認證的 token 字串

這個介面有兩個參數必填，城市的名字 cityname 和用於認證的 token 字串參數 key。我們需要用發送封包工具發送一個這樣的 HTTP 請求：http://v.j****.cn/weather/index?cityname= 上海 &key= 88cbeb51aab819e6 cddac41bc6c04d5f。

用任何發送封包工具都可以呼叫這個介面，我們這裡使用瀏覽器來直接發送一個 GET 的 HTTP 請求，如圖 21-5 所示。

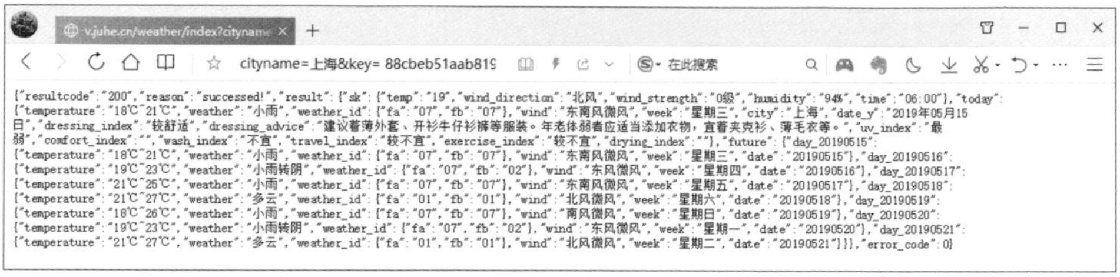

圖 21-5　用瀏覽器發送 GET 請求

21.2.2　token 和 Cookie 的區別

token 和 Cookie 是認證的兩種機制，其區別如下。

- token 和 Cookie 都是在第一次登入時由伺服器下發的，作用都是為無狀態的 HTTP 提供持久機制。
- token 在用戶端儲存的時候，既可以存在 Cookie 中，也可以存在本機存放區中。
- token 發送給伺服器的時候，可以放在 HTTP 請求的 URL（見圖 21-6）、資訊表頭（見圖 21-7）或資訊主體（見圖 21-8）中。
- token 的擴充性好，可以多網站使用，而且支援行動平台。
- token 的安全性更好。

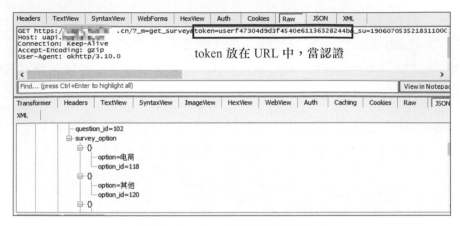

圖 21-6　token 字串放在 URL 中

圖 21-7　token 字串放在資訊表頭中

圖 21-8　token 字串放在資訊主體中

21.3　token 和 Cookie 一起用

某些網站也會把 token 字串放在 Cookie 字串中，如圖 21-9 所示。

圖 21-9　token 字串在 Cookie 資訊中

碰到這樣的情況時，我們需要分析這個到底是用的 Cookie 認證還是 token 認證。大致的分析想法是：若能成功刪除 token 重放的請求，則說明是 token 認證；反之，則說明是 Cookie 認證。

21.4　在 JMeter 中如何處理 token 字串

如果是 Cookie 認證，那麼只需要在 JMeter 中增加一個 HTTP Cookie 管理器就可以了；如果是 token 機制，那麼需要用正規表示法提取器提取出 token，其他請求都要攜帶這個 token。

假設某汽車 App 使用的是 token 認證。下面列舉了兩個介面，一個是「使用者登入」介面（見表 21-3），一個是「我的最愛」介面（見表 21-4）。

表 21-3「使用者登入」介面文件

介面描述	使用者登入
介面位址	/api/member/login
請求方式	POST
請求參數 1	telephone string，必填，表示手機號碼
請求參數 2	password string，必填，表示密碼

返回範例如下。

```
{
   "data": {
      "member": {
         "uid": 1,
         "telphone": "18502110311",
      },
      "access_token": "952904f531e7d685462ccfbdd22b8f6fb3b53c27"
   },
   "msg": "succ",
   "code": 200
}
```

表 21-4「我的最愛」介面文件

介面描述	我的最愛
介面位址	/api/member/fav/lists
請求方式	GET
請求參數 1	access-token，表示認證需要的 token 字串，一般放在資訊表頭中

返回範例如下。

```
{
   "data": {
      "lists": [
```

```
        {
            "title": "2017款 本田 CRV"
        },
        {
            "title": "2017款 豐田卡羅拉"
        ],
        "total": 2
    },
    "msg": "succ",
    "code": 200
}
```

在 JMeter 中,模擬某汽車 App「我的最愛」功能的操作步驟如下。

步驟1 在 JMeter 中增加一個執行緒組,在執行緒組中增加一個 HTTP 請求預設值,然後填好域名。

步驟2 增加一個 HTTP 請求,將其命名為「登入介面」,然後填寫路徑和資訊主體中的資料,如圖 21-10 所示。

圖 21-10 登入介面

步驟3 在登入介面中增加一個正規表示法提取器，把 token 字串提取到 tokenid 中，如圖 21-11 所示。

圖 21-11 提取 token 字串

步驟4 增加一個 HTTP 資訊表頭管理器，然後再增加一個 token 的資訊表頭，並呼叫 tokenid 變數，如圖 21-12 所示。

圖 21-12 將 token 字串放到資訊表頭中

步驟5 增加一個 HTTP 請求，將其命名為「我的最愛」，然後填好路徑，如圖 21-13 所示。

圖 21-13　呼叫「我的最愛」介面

運行程式，就可以看到「我的最愛」介面運行成功。

21.5　介面的三大安全性問題

API 介面對外提供服務的時候，我們透過 HTTP GET 或 POST 方法來呼叫介面，此時會面臨許多的安全問題，如圖 21-14 所示。

圖 21-14　介面的安全

21.6 請求參數被篡改

Fiddler 有時會被非法使用者用來篡改請求中的參數,從而達到一些目的。而介面的伺服器端要防止參數被篡改,所以需要用到類似於 MD5 的加密演算法。

MD5 參數簽名

如果瀏覽器發送給伺服器的資料中途被修改,伺服器是不知道的,這樣資料就不完整了。使用簽名可以極佳地保證資料的完整性,防止它被篡改。假設我們原本要發送的資料如下。

```
seller_email=tankxiao@outlook.com&total_fell=201.00
```

我們可以使用加密演算法來給資料增加簽名。舉例來説,使用 MD5 來計算簽名的值。

```
String data= seller_email=tankxiao@outlook.com&total_fell=201.00;
String EnData=MD5Helper.Encrp(data,salt);
EnData="91f6ca37b2979f92c31f86c06afe";
```

瀏覽器將以下資料發送給伺服器。

```
seller_email=tankxiao@outlook.com&total_fell=201.00&sign=91f6ca37b2979f92c
31f86c06afe
```

如果中途有人修改了資料,例如把金額從 201.00 修改成 0.01 了,那麼參數就變成了下面的內容。

```
seller_email=tankxiao@outlook.com&total_fell=0.01&sign=91f6ca37b2979f92c31
f86c06afe
```

這樣的話，伺服器就會顯示出錯，因為修改後的 total_fell 為 0.01，而簽名中的 total_fell 是 201，兩者不一致。

注意：嚴格來說 MD5 不是加密演算法，而是一種雜湊演算法。

21.7 重放攻擊

重放攻擊是指攻擊者發送一個目的主機已接收過的封包來達到欺騙系統的目的。它主要用於身份認證過程，以破壞認證的正確性。

重放攻擊是一種攻擊類型，這種攻擊會不斷惡意或詐騙性地重複一個有效的資料傳輸，重放攻擊可以由發起者或攔截並重發該資料的攻擊者進行。攻擊者利用網路監聽或其他方式盜取認證憑據，之後再把它重新發給認證伺服器。我們可以這樣瞭解，加密可以有效防止階段綁架，但是防止不了重放攻擊。重放攻擊在任何網路通訊過程中都可能發生。在對協定的攻擊中，重放攻擊是危害非常大、非常常見的一種攻擊形式。

軟體提供商要防止這樣的情況發生，解決方法就是加入時間戳記。

21.7.1 在 Fiddler 中進行重放攻擊

Fiddler 可以把捕捉到的 HTTP 請求重新發送出去。點擊 Replay 按鈕，或點擊選單 Reissue Requests 都可以重放請求，如圖 21-15 所示。

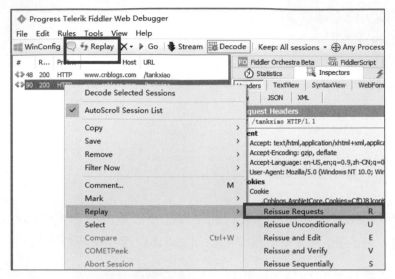

圖 21-15 在 Fiddler 中重放請求

21.7.2 UNIX 時間戳記

UNIX 時間戳記是指從 1970 年 1 月 1 日（UTC/GMT 的午夜）開始所經過的秒數，不考慮閏秒。一小時表示的 UNIX 時間戳記格式為 3600s；一天表示為 UNIX 時間戳記為 86400s，閏秒不計算。轉換 UNIX 時間戳記可以透過工具進行，如圖 21-16 所示。

圖 21-16 時間戳記轉換

21.7.3 介面帶時間戳記和簽名

加了 UNIX 時間戳記後的介面的參數如下。

```
"seller_email=tankxiao@outlook.com&total_fell=201.00&stamp=1553933295&sign=
e10adc3949ba59abbe56e057f20f883e"
```

伺服器接收到 HTTP 請求後，類似於上面這樣的介面會將請求中的時間
戳記與當前請求時間的時間戳記做比較，如果時間戳記不一致，則代表
請求過期，這樣就可以判斷當前的 HTTP 請求是否是透過重放發送的。

21.8 本章小結

本章介紹了介面的三大安全性問題，分別是身份認證、請求參數被篡改
和重放攻擊。token 機制是身份認證的一種方式，本章列舉了 token 機制
的實例，以及 JMeter 處理 token 機制的方法。簽名的方式能夠在一定程
度上防止資訊被篡改和偽造，一般使用 MD5 加密，在實際工作中讀者
可以根據實際需求自訂簽名演算法。介面加入時間戳記可以防止重放攻
擊的發生。

◆ 21.8　本章小結

發送封包常見的錯誤

若使用 Fiddler 或 Charles 這樣的封包截取工具,當知道 HTTP 請求的內容後,需要用 JMeter 或 Postman 來發送封包。本章說明當 HTTP 回應出現問題的時候,應該如何解決。

22.1 發送封包的本質

JMeter 和 Postman 本質上都是發送封包工具,都是在模擬瀏覽器的行為。瀏覽器發什麼樣的封包,發送封包工具就發什麼樣的封包,如圖 22-1 所示。

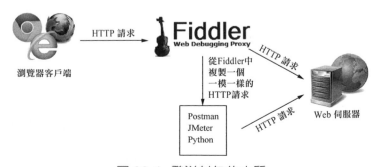

圖 22-1 發送封包的本質

22.2　比較 HTTP 請求

先透過 Fiddler 封包截取，以查看 HTTP 請求的內容，然後用 JMeter 或 Postman 發送一模一樣的 HTTP 請求。如果得到的 HTTP 回應不是期待的，就會有這樣的問題：為什麼瀏覽器可以正常執行，而發送封包工具發出的封包就有問題？

我們需要把發送封包工具發出去的 HTTP 請求和 Fiddler 抓到的 HTTP 請求進行比較，看看它們之間有什麼不同之處。重點檢查 HTTP 請求的 3 個部分，如圖 22-2 所示。

圖 22-2　Fiddler 中的 HTTP 請求和 JMeter 的 HTTP 請求比較

22.3 用 JMeter 發送封包常見的錯誤

很多開發人員使用 JMeter 發送封包，但「查看結果樹」中的結果卻是紅色，這說明 JMeter 發送的 HTTP 請求是錯誤的。該怎樣判斷錯誤的原因以及找到解決錯誤的方法呢？大致的想法是，認真比對 JMeter 發送出去的 HTTP 請求和伺服器返回的 HTTP 回應。下面列舉了幾種比較常見的錯誤情形和解決方法。

22.3.1 輸入的網址錯誤

圖 22-3 所示的已發送的 HTTP 請求中，URL 有錯誤，要填寫正確的 URL。任何一個小細節都不能忽略。

圖 22-3 URL 有錯誤

22.3.2 通訊埠編號填錯

圖 22-4 中的通訊埠編號寫錯，要注意這裡的 IP 位址和通訊埠編號要分開填寫。

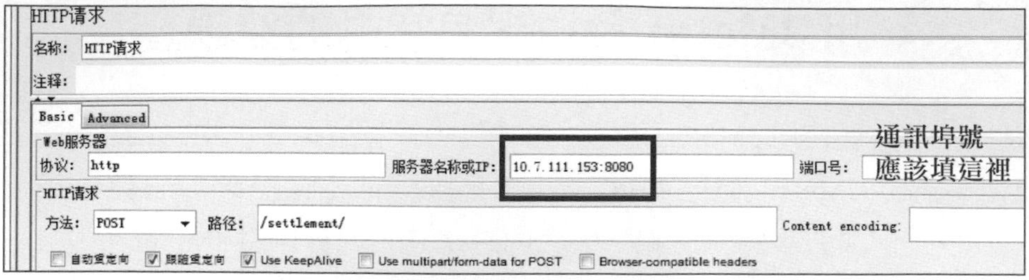

圖 22-4　通訊埠編號填錯

22.3.3　協定錯誤

對於 HTTP 請求，協定應該是 http 或 https。在圖 22-5 中，「協定」中應該填寫 http，而非 http://，特別要注意的地方是前後不能有空格。

圖 22-5　JMeter 中協定填錯

22.3.4　變數設定值錯誤

在 JMeter 中我們經常會使用變數。如果變數設定值錯誤，那麼 HTTP 請求肯定是錯誤的，如圖 22-6 所示。

圖 22-6 變數沒有取到值

22.3.5 伺服器返回 404 錯誤

在圖 22-7 中，伺服器返回了狀態碼 404，404 代表資源沒找到。其意思是 HTTP 請求中的域名是正確的但是路徑不對。解決方法是重新核對 URL 中的路徑。

圖 22-7 404 錯誤

22.3.6　伺服器返回 400 錯誤

當伺服器返回 400 錯誤的時候，一般是 HTTP 請求中的資訊主體資料有問題。

22.3.7　伺服器返回 500 錯誤

伺服器返回 500 錯誤，代表伺服器本身出現問題。凡是以 5 開頭的狀態碼，都是代表伺服器錯誤。JMeter 返回以 5 開頭的狀態碼時，「查看結果樹」中的結果會變紅。有時候回應中不會出現狀態碼，只會出現顯示出錯資訊，如圖 22-8 所示。

圖 22-8　未知主機異常

仔細查看圖 22-8 中的顯示出錯資訊，可以看到是 Unknown Host Exception（未知主機異常），說明是域名寫錯了。

22.4 **Postman** 發送封包常見問題

至於 Postman 發出去的封包，因為沒有「查看結果樹」，所以無法看到真正發出去的 HTTP 請求的內容，如圖 22-9 所示。

圖 22-9 Postman 發送封包錯誤

解決的辦法是，用 Fiddler 去抓 Postman 的封包，看 Postman 發出什麼樣的 HTTP 請求。

22.5 **JMeter** 和 **Postman** 的區別

JMeter 和 Postman 都是發送封包工具，區別如下所示。

- JMeter 可以做介面測試和性能測試，Postman 只能做介面測試。
- JMeter 有「查看結果樹」，可以清晰地看到發出去的 HTTP 請求和回應的內容，這樣有助偵錯。舉例來說，回應有問題了，可以查看是 HTTP 請求的問題，還是伺服器回應有問題。

■ JMeter 有 HTTP 請求預設值，有大量介面時，非常方便使用者操作。

■ JMeter 是用 Java 語言開發的，使用者可以利用 Java 程式來擴充自己的
功能，例如測試加密介面。

■ JMeter 支援中英文或其他語言，Postman 只有英文版。

■ Postman 簡潔明瞭，上手比較快。

■ Postman 可以用帳號登入。

■ 除了 HTTP 請求，JMeter 還可以做其他協定的測試。JMeter 可以透過
JDBC 來連接資料庫，還可以發送中介軟體協定（如 MQ 協定）。

22.6　介面測試尋求幫助

在介面測試的回應結果不是所期望時，常見的解決方法是尋求幫助，此
時需要把完整的 HTTP 請求和回應發給技術專家，技術專家就可以幫忙
定位問題。如果沒有完整的 HTTP 請求和回應是無法定位問題的。

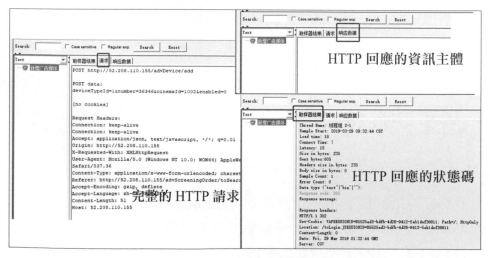

圖 22-10　介面呼叫出錯

請問，圖 22-10 的問題出在哪裡？

我們來了解一下分析過程。

（1）首先看問題是什麼，圖 22-10 的問題是回應資料為空，跟期待的不一樣。

（2）查看狀態碼，狀態碼是 302。302 代表跳躍，當沒有認證的時候會出現跳躍。

（3）檢查 HTTP 請求中的 Cookie，發現沒有 Cookie，也沒有看到 token 字串，從而確定這個問題是因為 HTTP 請求中沒有攜帶認證資訊，所以伺服器返回 302 跳躍。

（4）嘗試增加 Cookie 或 token，就可以解決這個問題，如圖 22-11 所示。

圖 22-11　介面呼叫成功

22.7　本章小結

本章列舉了使用 JMeter 和 Postman 進行介面測試時的常見錯誤和解決方法。讀者在進行介面測試出現錯誤後，可以對照本章內容自行排除問題。最後，本章還介紹了 JMeter 和 Postman 的區別，讀者可根據實際需求選擇使用。

秒殺活動的壓力測試

秒殺活動是電子商務網站用於促銷的常用方法之一。秒殺活動包括商品的秒殺和優惠券的秒殺,其中,優惠券的開發和測試都非常複雜。本章介紹如何透過封包截取來測試優惠券。

Fiddler 中的重放 HTTP 請求功能非常實用。它既可以用來進行性能測試,也可以用來進行秒殺活動的壓力測試。

23.1 秒殺活動的壓力測試方案

秒殺活動一般是電子商務網站針對一些稀少或特價商品在約定時間點開展的搶購活動。秒殺活動會造成短時間內大量的 HTTP 請求同時存取伺服器,是一種暫態高併發的場景。因此它比較容易導致伺服器擁擠。為保證秒殺活動的正常進行,需要測試人員提前對秒殺活動進行性能測試。

秒殺活動中比較常見的是商品的秒殺和優惠券的秒殺。

23.1.1 秒殺的原理

有這樣一個場景：一個優惠券的秒殺活動，商家約定在某一時間點共發佈 100 張優惠券；當有 10000 名使用者同時進行領取優惠券的操作時，最終這 100 張優惠券僅由 1% 的使用者瓜分，並且一般 1s 之內就會被搶光。

大家肯定都有秒殺失敗的經歷，那麼導致失敗的主要因素可以歸結為：

（1）Web 伺服器的時間和本機機器的時間有差別；
（2）人工作業的手速慢。

本質上，一個使用者進行秒殺操作就是瀏覽器向 Web 伺服器發送了一個 HTTP 請求。領取優惠券的過程如圖 23-1 所示。

圖 23-1 領取優惠券的過程

多個使用者在同一時間進行秒殺操作就是在某一個特定時間點對伺服器瞬間施壓的過程。

通常使用者在參加秒殺活動之前需要先登入系統。也就是説，這個秒殺活動的 HTTP 請求已經攜帶了 Cookie 字串。

23.1.2 測試目標

透過對秒殺系統進行壓力測試，我們可以達到以下目的：

■ 了解秒殺系統在高併發情況下是否穩定；

- 了解秒殺系統的性能瓶頸，並進行最佳化；
- 透過實施業務場景壓力測試為系統最佳化提供資料參考。

23.1.3 業務分析

一般來說，使用者參加秒殺活動的操作順序是：登入系統→打開秒殺活動頁面→在約定時間點擊秒殺連結。

這個秒殺連結只是一個 HTTP 請求，並且已經包含了使用者登入的資訊。對秒殺系統進行壓力測試時，僅需要這個 HTTP 請求，不再需要模擬登入。

23.1.4 測試指標

性能測試中需要測試的性能指標如下所示。

（1）併發使用者數，假設為 5000。
（2）交易回應時間。

- $\leqslant 0.2s$，性能優異。
- 1s，性能良好。
- 5s，性能不可接受。

（3）併發交易成功率 $\geqslant 99\%$。

壓力測試需要關注伺服器資源的使用情況，監控的伺服器應該包括 Web 伺服器和資料庫伺服器。需要關注的指標如下所示。

（1）系統 CPU 使用率 $\leqslant 80\%$。
（2）系統記憶體使用率 $\leqslant 80\%$。
（3）系統 I/O 使用率 $\leqslant 80\%$。

23.2 使用 Fiddler 來測試秒殺活動

23.2.1 用 Fiddler 重新發送 HTTP 請求

Fiddler 的工具列中有一個 Replay 按鈕,點擊該按鈕可以向 Web 服務器重新發送選中的 HTTP 請求。選中多個階段(Session)並點擊 Replay 按鈕後,Fiddler 會用多執行緒同時發送請求。此功能可以用來進行併發的性能測試。

按住 SHIFT 鍵的同時點擊 Replay 按鈕,視窗會彈出一個提示框,該提示框要求指定每個請求被重新發送的次數。

在階段列表中選中一個或多個階段後,按右鍵選單,我們可以看到 Replay 選項,如圖 23-2 所示。

圖 23-2 Replay 選項

部分子選項的含義如下。

- Reissue Requests:多執行緒同時發送請求。
- Reissue Sequentially:單執行緒發送請求。若選中多個 HTTP 請求,則會按順序一個一個地重新發送請求。

23.2.2 用 Fiddler 測試秒殺活動的想法

用 Fiddler 測試秒殺活動的想法具體如下。

步驟 1 登入電子商務網站。

步驟 2 用 Fiddler 捕捉秒殺活動的 HTTP 請求。

步驟 3 重放這個 HTTP 請求,將數量從 1 個更改為 100 個。

步驟 4 在秒殺活動開始的時候,全選這 100 個 HTTP 請求,並使用單執行緒重放或多執行緒重放。

步驟 5 觀察使用重放功能模擬的大量使用者同時操作的場景是否讓伺服器產生擁擠,從而導致伺服器不能正常執行。

Fiddler 使用單執行緒發送相當於模擬了使用者的行為,一般不會被 Web 伺服器察覺;當 Fiddler 使用多執行緒同時發送的時候,Web 伺服器有可能察覺到這是非人為的重複操作。因此,測試的時候,Fiddler 的這兩種發送方式最好都使用,並觀察 Web 伺服器能否探測到對伺服器有危害的操作。

23.2.3 用 Fiddler 測試優惠券

下面透過一個秒殺優惠券的實例,來大致模擬一下使用 Fiddler 捕捉和重放 HTTP 請求的功能以進行秒殺活動測試的過程。具體步驟如下。

步驟 1 打開某電子商務的網站並登入。

步驟 2 打開領券頁面,如圖 23-3 所示。

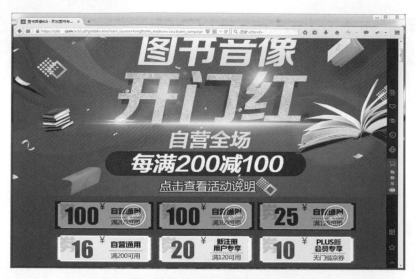

圖 23-3 某購物網站圖書優惠券活動

步驟 3 打開 Fiddler，然後點擊頁面中的「每滿 200 減 100」優惠券的按鈕。這樣 Fiddler 就能捕捉到這個 HTTP 請求了，如圖 23-4 所示。

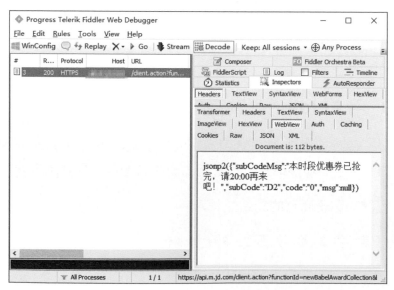

圖 23-4 領取優惠券的 HTTP 請求

步驟4 選中我們剛才捕捉到的領取券的請求，多次點擊 Replay 按鈕，這樣領取券的 HTTP 請求，就從原來的變成了多個。

步驟5 選中所有「領取優惠券」的請求，在秒殺活動開始時，點擊滑鼠右鍵，選擇 Replay → Reissue Sequentially 或用快速鍵 S，如圖 23-5 所示。

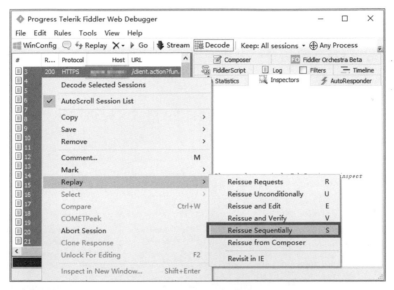

圖 23-5 單執行緒重放

這樣我們就實現了在特定的時間點，透過使用 Fiddler 模擬多個請求對伺服器施加壓力的情形，這也就是對一種暫態高併發場景的模擬。

Fiddler 本身並不是一個專業的壓力測試工具，利用 Fiddler 可能無法模擬出 5000 個使用者同時秒殺優惠券的場景。

23.2.4 單執行緒還是多執行緒

重放時建議先嘗試使用多執行緒，如果伺服器拒絕了請求，就說明多執行緒重放的操作觸發了風控系統；如果伺服器沒有拒絕，說明這個服務的風控系統做得不好。然後再嘗試使用單執行緒重放，以體會兩種重放方式的不同。

23.2.5　分辨指令稿和使用者

一般來說，透過指令稿進行秒殺活動的操作可能會給系統伺服器帶來巨大的壓力。作為秒殺活動的營運方，特別是在我們進行測試的時候，需要分辨哪些行為是用指令稿來搶優惠券，哪些是真正的使用者行為。而對於非人工的大量重複的請求，系統是需要隱藏的。

如圖 23-6 所示，在 1s 內有大量的 HTTP 請求，顯然這不是使用者的行為，而是指令稿的行為，應該隱藏。

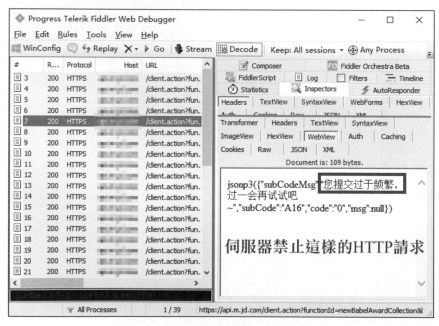

圖 23-6　禁止大量的 HTTP 請求

23.3 捕捉 App 上的優惠券活動

使用 Fiddler 同樣也可以用來捕捉手機 App 上的秒殺活動。手機 App 上秒殺活動的原理與 Web 端是相同的，都是向系統伺服器發送一個帶有客戶資訊的秒殺活動的 HTTP 請求。與 Web 端相比，手機端的這類 HTTP 請求有以下優勢。

- App 秒殺活動的請求一般不會有驗證碼。
- App 的登入 Cookie 一般不會逾時，可以一直用下去。

23.4 使用 JMeter 來測試秒殺活動

透過使用 Fiddler 進行壓力測試的過程可以看到，我們不需要寫任何一行程式就可以完成測試。對比較簡單的壓力測試來說，Fiddler 操作簡單方便，同時也提高了我們的工作效率。但對於比較專業的壓力測試，JMeter 則是首選。JMeter 可以模擬大量併發的情形，並且它還提供測試報告，以供性能測試專業人員分析系統的性能。

接下來模擬一下使用 Fiddler 封包截取和 JMeter 進行壓力測試的過程。仍然是以秒殺優惠券為例，具體步驟如下。

步驟1 把 Fiddler 中領取優惠券的 HTTP 請求填入 JMeter 中,如圖 23-7 所示。

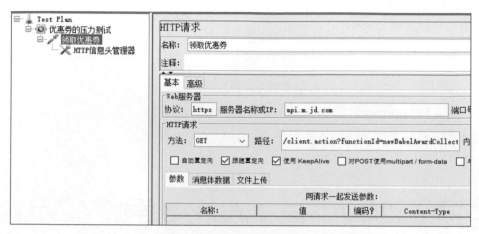

圖 23-7 增加 HTTP 請求

步驟2 增加資訊表頭管理器。如果攜帶了有效的 Cookie 字串就不需要模擬登入了,如圖 23-8 所示。

圖 23-8 增加資訊表頭

步驟 3 設定併發數量以及壓測時間，如圖 23-9 所示。

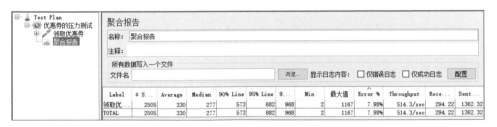

圖 23-9 併發設定

步驟 4 增加聚合報告後就可以得到一個測試報告了，如圖 23-10 所示。

圖 23-10 聚合報告

23.5 壓力測試報告

壓力測試結束後，我們可以根據 JMeter 中的聚合報告來寫一份壓力測試報告，壓力測試報告如表 23-1 所示。

表 23-1　壓力測試報告

併發數	回應時間	成功率	CPU 使用率	記憶體使用率	系統 I/O 使用率
200	$\leqslant$ 0.1s	$\geqslant$ 90%	$\leqslant$ 80%	$\leqslant$ 80%	$\leqslant$ 80%
1000	$\leqslant$ 0.5s	$\geqslant$ 90%	$\leqslant$ 80%	$\leqslant$ 80%	$\leqslant$ 80%
5000	$\leqslant$ 1s	$\geqslant$ 90%	$\leqslant$ 80%	$\leqslant$ 80%	$\leqslant$ 80%
50000	$\leqslant$ 4s	$\geqslant$ 90%	$\leqslant$ 80%	$\leqslant$ 80%	$\leqslant$ 80%

23.6　本章小結

本章展示了使用 Fiddler 的重放功能對秒殺活動進行壓力測試的完整操作過程。但是 Fiddler 並不能模擬大量的併發，也沒有壓力測試報告，所以 Fiddler 只能做一些簡單的壓力測試。專業的壓力測試還是需要使用 JMeter。

用 Fiddler 和 JMeter 進行性能測試

Fiddler 本身可以發送封包，廣泛用於各種性能測試。本章將介紹如何用 Fiddler 和 JMeter 進行性能測試。

24.1 性能測試概述

圖 24-1 列出的是性能測試的一些基礎。

性能測試是一個很廣的概念，測試人員一般會使用 JMeter 和 LoadRunner 來做性能測試。JMeter 是開放原始碼軟體，並且非常輕便，已經獲得越來越多人的青睞。

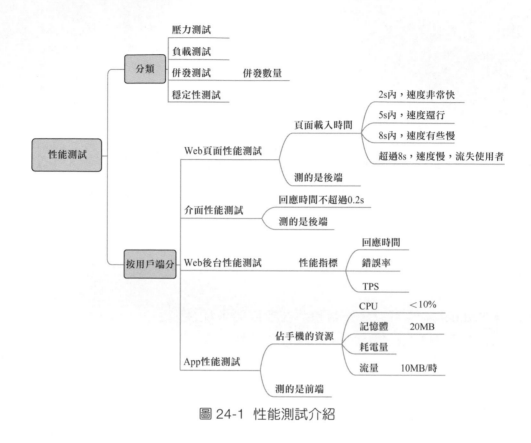

圖 24-1　性能測試介紹

24.2 Web 頁面載入時間測試

從使用者的角度看，性能就是回應時間，例如程式用起來是否卡頓，網頁打開的速度快不快。頁面載入時間是簡單且常見的一種性能標準。

24.2.1　258 原則

速度快是一個比較感性的概念，電腦需要用一個數位化的標準來衡量速度的快與慢。業界常見的標準叫作 258 原則。

- 2s 以內可以打開一個網頁，使用者會感覺速度很快，體驗很好。
- 5s 左右可以打開一個網頁，使用者覺得速度還可以。
- 8s 左右才打開一個網頁，使用者會感覺速度很慢，但還可以接受。
- 超過 8s 仍然無法打開網頁，使用者會感覺糟糕透了。

在 258 原則中，超過 8s 就是性能不好，所有的網站都要考慮如何提高頁面載入的性能。

24.2.2 實例：博客園頁面載入時間測試

本節透過對博客園頁面載入時間進行測試來講解如何進行性能測試。

測試的目的：測試上海電信使用者在無快取的模式下，打開博客園首頁需要多長時間。

測試的步驟如下所示。

步驟 1 在 Fiddler 中設定禁止資源快取，以讓每次打開頁面都是從伺服器中載入最新的資源。設定步驟為依次選擇 Rules → Performance → Disable Caching，如圖 24-2 所示。

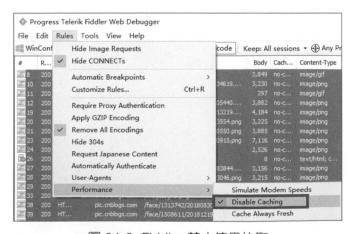

圖 24-2　Fiddler 禁止使用快取

步驟2 打開 Chrome 瀏覽器，輸入博客園網址。

步驟3 在 Fiddler 中，選擇 Parent Request（博客園首頁網站），然後按右鍵選單，選擇 Child Requests。這樣就選擇了打開博客園首頁發送的所有 HTTP 請求，如圖 24-3 所示。

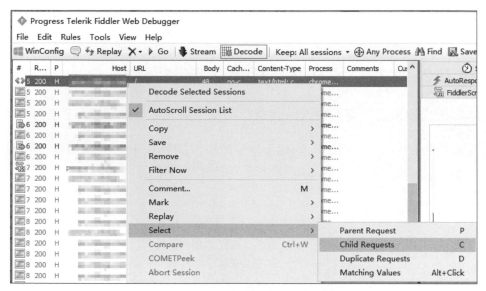

圖 24-3　選中博客園首頁的所有請求

步驟4 停止封包截取，然後打開右邊的 Timeline 面板。

從圖 24-4 中可以看出所有的請求都在 1s 內。細看可以發現頁面打開時間大概是 0.7s，速度相當快。

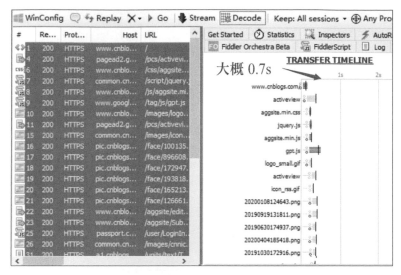

圖 24-4　博客園首頁的 Timeline 面板

24.3　介面的回應時間測試

介面的回應時間一般要求在 0.2s 以內，嚴格一點會要求在 0.1s 以內。

下面是一個測試介面的回應時間的範例。

- 介面描述：分頁查詢介面。
- 傳輸方式：HTTPS。
- 提交模式：POST。
- URL：https:// ███████████ action=getTogether。
- 請求參數：page，表示第幾頁。
- 請求參數：limit，表示每頁最多顯示多少筆資料。
- 性能要求：回應時間在 0.1 秒以內。

透過介面文件分析，你需要發送一個這樣的 HTTP 請求。

```
POST https://███████████████action=getTogether HTTP/1.1
Host: b██████.com

page=1&limit=10
```

打開 Fiddler，在 Composer 面板中，填寫 HTTP 請求的結構，然後點擊 Execute 按鈕，如圖 24-5 所示。

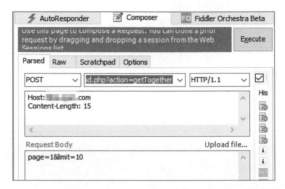

圖 24-5　Composer 測試介面

選擇發送出去的 HTTP 請求，再選擇 Statistics 面板，如圖 24-6 所示。

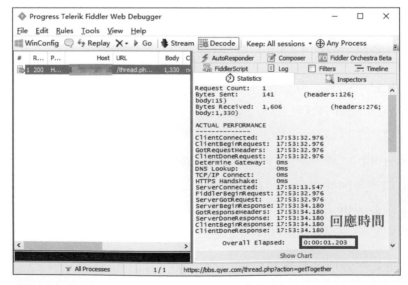

圖 24-6　查看回應時間

從圖 24-6 中可以看到回應時間是 1.2s，與預期結果 0.1s 相比相差太多，測試沒有通過，可以開 Bug 了。

介面的併發測試

還是上面這個介面，這次進行壓力測試。

- 壓力測試要求：模擬 10 個使用者同時呼叫查詢介面。
- 測試指標：大部分使用者的回應時間在 0.2s 以內。

在 Fiddler 中，選擇 HTTP 請求，按住 Shift 鍵的同時點擊工具列中的 Replay 按鈕。此時會彈出一個對話方塊，填入 10，如圖 24-7 所示。

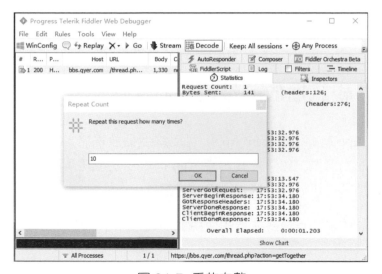

圖 24-7　重放次數

從圖 24-8 中隨便選取一個 HTTP 請求可以看到回應時間是 2.5s，與預期結果 0.2s 相比相差太多，測試沒有通過，可以開 Bug 了。Fiddler 沒有統計平均回應時間的報表工具，如果想要得到 10 個 HTTP 回應的平均回應時間，只能找到每個 HTTP 請求的回應時間後，大致計算出一個參考結果。

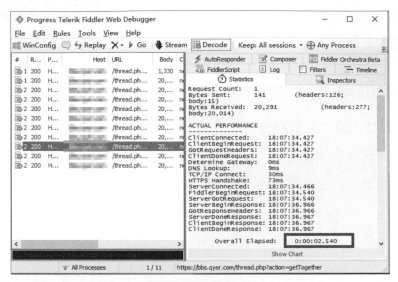

圖 24-8　查看回應時間

24.4　視訊播放的性能測試

很多直播 App 或線上教育的 App，可以線上播放視訊。如果沒有對該類 App 做過壓力測試，則可能會出現 App 伺服器當機等現象。大量使用者同時併發播放視訊，會導致視訊卡頓或當機。

做壓力測試的想法是模擬大量的使用者同時觀看下載視訊。

24.5　模擬 5 個使用者同時登入網站

在壓力測試中，要模擬大量的使用者同時登入、同時操作。如果想要模擬多個使用者併發登入，需要用一個發送封包工具多執行緒地同時發送 HTTP 請求。我們可以使用 Fiddler、JMeter 或 Python 來啟動多執行緒以同時發送 HTTP 請求來進行壓力測試。如果用 Python 來實現的話，則

需要使用者具備多執行緒程式設計的知識，這對使用者要求比較高。用
JMeter 來進行壓力測試很簡單，具體操作步驟如下。

步驟 1 找一個網站作為範例，找登入不需要驗證碼的網站。然後對登入
進行封包截取，封包截取的 HTTP 封包如下所示。

```
POST https://www.某網站.com/user/login.php?action=login&usecookie=1 HTTP/1.1
Host: www.某網站.com
Connection: keep-alive
Content-Type: application/x-www-form-urlencoded
User-Agent: Mozilla/5.0 (Windows NT 10.0; WOW64) AppleWebKit/537.36 (KHTML,
like Gecko) Chrome/63.0.3239.26
Referer: https://某網站.com/

username=tankxiaohttp&password=tanktest
```

步驟 2 用 JMeter 發送一個一模一樣的 HTTP 請求，這相當於模擬了一
個使用者登入，如圖 24-9 所示。

圖 24-9 一個使用者登入

步驟 3 把執行緒組的使用者數量改為 5，就相當於 5 個使用者同時登
入，如圖 24-10 所示。

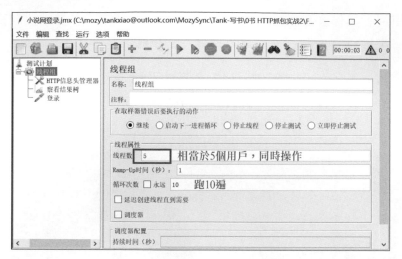

圖 24-10 5 個使用者同時登入

如果將執行緒數改為 500，就相當於 500 個使用者同時登入網站了。但是在真實的場景中每個使用者都應該是用不同的使用者名稱和密碼登入的，而現在的指令稿都使用的是一樣的使用者名稱和密碼。做壓力測試的時候應該儘量模擬真實的場景，所以我們需要每個使用者使用不同的帳號，這樣更接近真實的情況。

24.6 模擬 5 個不同的使用者同時登入網站

需要在 JMeter 中使用「CSV 資料檔案設定」，才能做到每個使用者用不同的使用者名稱和密碼。具體的操作步驟如下所示。

步驟 1 在本機新建一個 TXT 文件。在其中輸入 5 個使用者名稱和密碼，使用者名稱和密碼之間用英文逗點分隔，如圖 24-11 所示。

圖 24-11 資料放在 txt 文件中

步驟2 增加一個 CSV 資料檔案設定，詳細設定如圖 24-12 所示。這裡的檔案用 .txt 文件或 .csv 文件都可以。

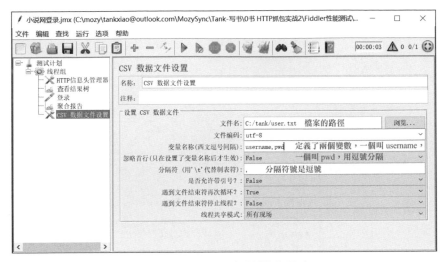

圖 24-12 CSV 資料檔案設定

步驟3 修改 HTTP 請求，並呼叫變數，如圖 24-13 所示。

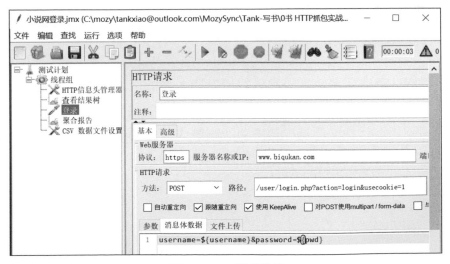

圖 24-13 呼叫變數

步驟 4 運行指令稿,在「查看結果樹」中查看運行的結果。查看登入用的是否為不同的使用者名稱和密碼,如圖 24-14 所示。

圖 24-14　JMeter 運行結果

24.7　本章小結

本章從性能測試出發,介紹了用 Fiddler 進行 Web 頁面載入時間測試和介面對應時間測試的具體過程。對於模擬大量的使用者同時操作的壓力測試,用 JMeter 操作更簡單。有些公司有專門的性能測試人員,但是大部分的公司進行性能測試,是由功能測試人員做的。學習完本章,測試人員應該能進行一些簡單的性能測試。

HTTP 中的支付安全測試

凡是涉及資金方面的功能就有可能存在支付的問題。支付的開發和測試是電子商務產品中非常重要的環節。支付涉及資金的流轉，是測試的重中之重，支付的安全性測試更是重要。支付漏洞一直以來是高風險，一旦發生這樣的漏洞，會對公司造成重大損失。

支付涉及錢，因此需要從後端著手，介入支付介面環節，透過 Fiddler 封包截取來了解支付是如何互動的。本章介紹支付漏洞的想法和如何用 Fiddler 來測試支付的安全性。

25.1 修改支付價格

訂單的支付價格方面的測試是非常重要的，不能出任何問題。如果支付價格出現問題，網站則會遭遇「羊毛黨」的攻擊，損失會非常慘重。

接下來我們透過一個範例來了解修改支付價格的過程。一般的過程是先提交訂單，然後在支付的時候修改支付的價格。詳細步驟如下（以下範例為虛擬範例，請勿將其用於非法用途）。

步驟1 打開訂單支付頁面，如圖 25-1 所示。

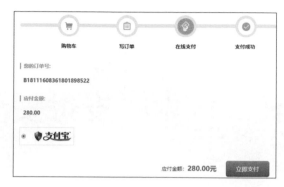

圖 25-1　訂單支付頁面

步驟2 打開 Fiddler，按快速鍵 F11 下中斷點。在支付頁面上點擊「立即支付」按鈕。Fiddler 會攔截到支付的 HTTP 請求。然後再按快速鍵 Shift+F11，取消中斷點。

步驟3 在 Fiddler 中，把 280.00 元修改為 0.01 元。然後點擊 Run to Completion 按鈕，如圖 25-2 所示。

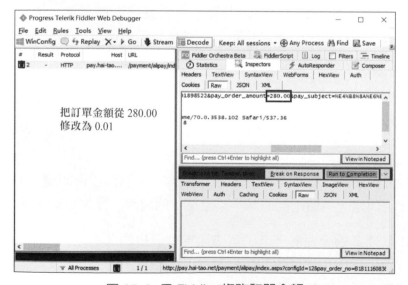

圖 25-2　用 Fiddler 修改訂單金額

步驟4 用支付寶支付 0.01 元後，可以看到支付成功介面，如圖 25-3 所示。

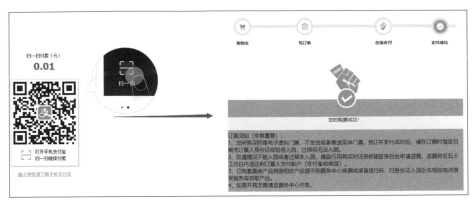

圖 25-3 支付成功

25.2 漏洞發生的原因

上述範例中出現支付漏洞的第一個原因是，訂單金額從瀏覽器用戶端直接傳到伺服器，如圖 25-4 所示。

圖 25-4 瀏覽器將訂單金額傳遞給伺服器

第二個原因是資料中途被篡改，如圖 25-5 所示。

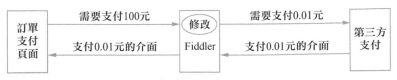

圖 25-5 訂單金額被篡改

資料中途被篡改是一件非常危險的事情。為了防止資料被中途篡改，需要使用簽名來保護資料，也就是保護資料的完整性。

25.3　支付漏洞的解決方法

本節介紹解決支付漏洞的幾個常見方法。

25.3.1　前端不傳遞金額

在用戶端付款的時候，客戶點擊付款按鈕跳躍到第三方支付，用戶端傳遞給第三方支付的是一個訂單號。這樣 Fiddler 就沒有修改訂單金額的機會了。

如圖 25-6 所示，點擊「立即付款」按鈕後，Fiddler 抓到的 HTTP 請求中只有訂單號而沒有訂單金額。

圖 25-6　支付的 HTTP 請求使用訂單號

25.3.2 簽名防止資料被篡改

為 HTTP 請求的資料增加簽名可防止資料被篡改,如圖 25-7 所示。當 Fiddler 修改了金額後,伺服器會直接顯示出錯,這是因為伺服器已經監測到資料被篡改了。

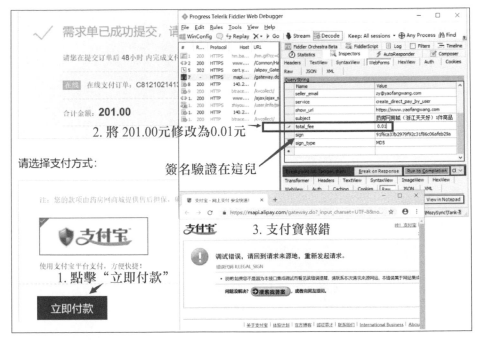

圖 25-7 使用簽名防止資料被篡改

25.4 修改充值金額測試

很多網站都有充值的功能,此時我們需要防止修改封包。

接下來以某個虛擬的直播網站為例進行講解。直播網站一般是用現金來換遊戲幣,例如 1 現金 =100 遊戲幣,然後用遊戲幣去購買想要的東西。修改封包的詳細步驟如下（以下範例為虛擬範例，請勿將其用於非法用途）。

步驟1 打開充值頁面，選擇 5 元充 500 個遊戲幣，如圖 25-8 所示。

圖 25-8 充值頁面

步驟2 打開 Fiddler，按快速鍵 F11 封包截取。然後點擊「下一步」按鈕進行封包截取，把 500 個遊戲幣改為 500000 個遊戲幣，如圖 25-9 所示。

圖 25-9 用 Fiddler 修改遊戲幣個數

步驟 3 完成支付後，去帳號裡面查看遊戲幣的個數，如圖 25-10 所示。

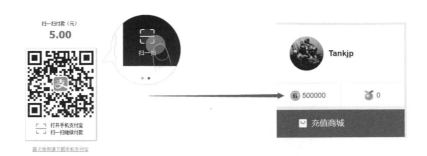

圖 25-10　支付成功後查看遊戲幣

測試人員需要對充值功能進行詳細的測試，才能杜絕這方面漏洞的出現。目前很少有公司有這樣的漏洞了。

25.5　多執行緒提現測試

在提現時，如果沒有任何驗證碼或驗證機制，且只要輸入提現金額就可以提現（秒到帳），此時就需要測試多執行緒併發問題。例如帳號中只有 24 元，若採用多執行緒提現的方法來提現，每個執行緒都提現 24 元，如果有兩個執行緒成功了，就有可能可以提出 48 元。接下來以某個虛擬的網站為範例進行講解。使用多執行緒提現的詳細步驟如下（以下範例為虛擬範例，請勿將其用於非法用途）。

步驟1 打開 App，進入提現頁面，如圖 25-11 所示。

步驟2 設定好 Fiddler 後捕捉 App，並且按 F11 鍵下中斷點，以捕捉提現的 HTTP 請求。捕捉到後馬上取消中斷點，如圖 25-12 所示。

圖 25-11 提現頁面

圖 25-12 Fiddler 攔截提現的 HTTP 請求

步驟3 使用 Fiddler 的多執行緒重放的功能，先選擇 HTTP 請求，然後點擊 Replay 按鈕。重複數量設為 100，如圖 25-13 所示。

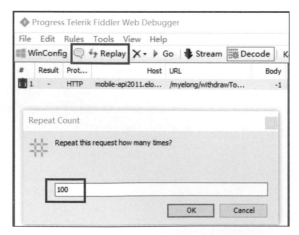

圖 25-13 Fiddler 的多執行緒提現

多執行緒提現的方法和重複支付的想法是相反的。本來帳號最多只能提現 24 元，如果這裡出現了 Bug，可以提現出 48 元或更多。該漏洞會導致大量的非法使用者進行攻擊，給公司帶來嚴重的損失。

25.6 轉帳金額修改測試

同樣，以某個虛擬的網站為範例進行講解。修改轉帳金額的詳細步驟如下（以下範例為虛擬範例，請勿將其用於非法用途）。

步驟 1 發起一筆轉帳交易。

步驟 2 用 Fiddler 工具下中斷點，修改交易金額後放行，從 250.0 元改為 2500.0 元，如圖 25-14 所示。

圖 25-14　轉帳改金額

期待結果：交易失敗，後台要檢驗資料。

25.7 重複支付

在支付的相關測試中，重複支付也是比較重要的方面。同一個訂單，被支付兩次及以上，叫作重複支付。重複支付會導致使用者的信任度下降甚至消失，非常影響公司的信譽。

同樣，以某個虛擬的網站為範例進行講解。重複支付的詳細步驟如下（以下範例為虛擬範例，請勿將其用於非法用途）。

步驟 1 在系統中購買一個商品，如圖 25-15 所示。

圖 25-15　訂單

步驟 2 在第 1 台電腦上用瀏覽器打開支付頁面，輸入支付密碼。在第 2 台電腦上用瀏覽器打開支付頁面，輸入支付密碼。然後幾乎在同一時間，同時點擊兩台電腦上的「立即支付」按鈕，如圖 25-16 所示。

圖 25-16　兩台電腦同時支付

期待結果：第 1 台電腦上應該顯示支付成功，而第 2 台電腦上應該顯示支付失敗，如圖 25-17 所示。

圖 25-17　支付結果

一般手動做重複支付測試即可。

<table>
<tr><td>25.8</td><td>本章小結</td></tr>
</table>

25.8　本章小結

本章從修改支付價格的範例入手，說明了支付漏洞產生的原因及對應的一些解決方法。在此基礎上，本章結合範例列舉了使用 Fiddler 測試支付安全性的多種方法。支付中的安全測試非常重要。

◆ 24.7　本章小結

Web 安全滲透測試

安全測試也叫滲透測試，每個功能測試人員都應該具備一些安全測
試的思維。有的公司有獨立的安全測試組專門進行安全測試。

26.1 敏感資訊洩露測試

系統使用者的密碼等重要資訊的儲存要保護好，不能明文存放，而應該
透過 MD5 雜湊演算法加密後，然後存放到資料庫中。明文存放是一個
非常大的安全性 Bug。

敏感資訊包括但不限於：密碼、金鑰、隱私資料（簡訊的內容）、信用
卡帳戶、銀行帳戶、個人資料（姓名、住址、電話）等。這些資料在儲
存或傳輸時都應該經過加密處理，如圖 26-1 所示。

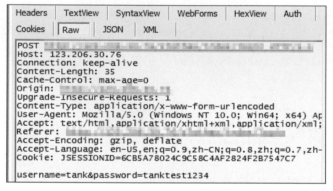

圖 26-1　密碼在資料庫中的存放

在圖 26-2 中，密碼的傳輸沒有加密處理，這是一個安全隱憂。

```
Headers   TextView   SyntaxView   WebForms   HexView   Auth
Cookies   Raw   JSON   XML
POST ████████████████████████████████████████
Host: 123.206.30.76
Connection: keep-alive
Content-Length: 35
Cache-Control: max-age=0
Origin: ████████████
Upgrade-Insecure-Requests: 1
Content-Type: application/x-www-form-urlencoded
User-Agent: Mozilla/5.0 (Windows NT 10.0; Win64; x64) Ap
Accept: text/html,application/xhtml+xml,application/xml;
Referer: ████████████████████████
Accept-Encoding: gzip, deflate
Accept-Language: en-US,en;q=0.9,zh-CN;q=0.8,zh;q=0.7,zh-
Cookie: JSESSIONID=6CB5A78024C9C58C4AF2824F2B7547C7

username=tank&password=tanktest1234
```

圖 26-2　密碼傳輸過程沒有加密

26.2　重置密碼測試

很多網站或 App 都有找回密碼的功能，找回密碼的流程一般分為 4 個步驟：驗證使用者名稱→驗證簡訊驗證碼→輸入新密碼→重置密碼成功。這 4 個步驟應該緊緊相連，只有通過了前一個步驟的驗證才可以進入下一個步驟。

如果我們用 Fiddler 修改封包且跳過了第 2 步，那麼就可以重置任何密碼了。具體步驟如下所示。

步驟1 填寫手機號碼，如圖 26-3 所示。

圖 26-3 填寫手機號碼

填寫正確的手機號碼和正確的圖片驗證碼，點擊「確定」按鈕。

步驟2 輸入手機驗證碼，如圖 26-4 所示。

圖 26-4 簡訊驗證碼

填入正確的手機號碼和正確的圖片驗證碼。點擊「免費獲取驗證碼」按鈕。問題來了，這時我們沒有簡訊驗證碼，因為手機號碼的主人不是自己。

步驟 3 打開 Fiddler，下回應中斷點，然後在圖 26-4 中點擊「下一步」按鈕。Fiddler 可以獲取到伺服器返回的 HTTP 回應，HTTP 回應中顯示簡訊驗證碼錯誤，如圖 26-5 所示。

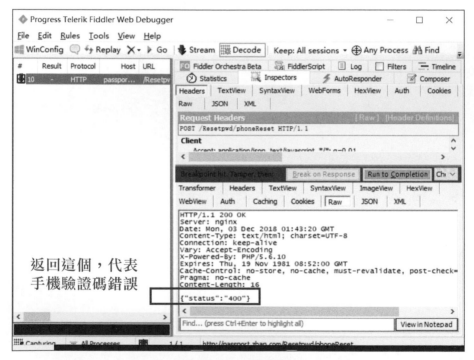

圖 26-5　驗證碼錯誤

利用 Fiddler 修改封包的功能來修改 HTTP 回應，如圖 26-6 所示。

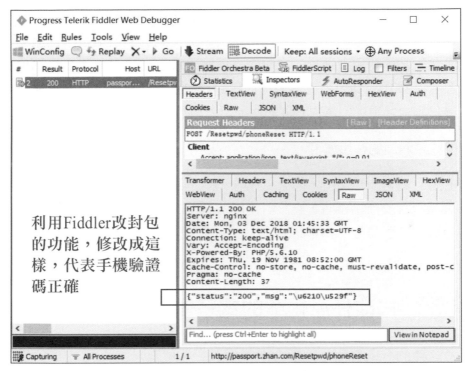

圖 26-6 修改 HTTP 回應

這樣就欺騙了瀏覽器,瀏覽器就會跳躍到重置密碼頁面,如圖 26-7 所示。輸入新的密碼,就可以成功重置密碼了,如圖 26-8 所示。

圖 26-7 輸入新密碼頁面

圖 26-8 密碼重置成功

我們透過 Fiddler 的修改封包功能跳過了簡訊驗證碼頁面，直接進入了設定新密碼介面。當我們將輸入的新密碼提交到伺服器端後，伺服器端並沒有對當前使用者進行二次驗證。伺服器端只驗證了使用者名稱或使用者名稱的 ID，以及新密碼，從而導致系統跳過簡訊驗證碼環節。這樣的漏洞非常嚴重，因為它允許非法使用者重置任意帳號的密碼。

修復該類漏洞的建議如下。

■ 在進行每個步驟之前，都需要對前一個步驟進行驗證。
■ 在最後提交新密碼時，應該對使用者名稱 ID、手機號、簡訊驗證碼進行二次匹配驗證。

26.3　修改任意帳號的電子郵件密碼

電子郵件的登入頁面中一般會有重置密碼的功能。在重置密碼的連結中，如果 token 值未驗證或不故障，那麼任何帳號的密碼都可以被重置，這會嚴重威脅到帳號安全。密碼重置的原理如下：使用電子郵件重置密碼時，伺服器端向電子郵件發送一個重置密碼的連結，連結中包含當前使用者的身份資訊（如使用者名稱或使用者 ID）和一個隨機生成的 token 資訊。如果未對 token 值進行驗證或是驗證後 token 不故障，我們就可以透過修改使用者名稱或使用者 ID 來重置任意帳號的密碼。

舉例來說，某網站使用電子郵件找回密碼時，伺服器端向電子郵件發送的連結如下。

http://www.tankxixiao.com/GetPwd.aspx?token=0x0387a5a6c1224d6ba0ce16dc72e&r=3244166

經過嘗試,此處未對隨機生成的 token 值進行驗證或是驗證了但是驗證之後未故障,導致 token 可以重複使用,最終只需要將 r 修改為其他使用者的 ID,即可重置其他使用者的密碼。

該漏洞的修復建議如下。

- 讓伺服器端對用戶端提交的 token 值進行驗證。
- 保證 token 值使用一次後即故障,防止重複使用。
- 對使用者 ID 進行自訂加密。
- 使用根據使用者 ID 生成的 token 值來標識使用者,連結中不攜帶使用者 ID。

26.4 Cookie 是否是 HttpOnly 屬性

當將 Cookie 設定為 HttpOnly 的屬性時,JavaScript 指令稿就不能讀取這個 Cookie 的值,這樣 Cookie 就會比較安全。

與登入相關的 Cookie 或階段 Cookie 一定要設定為 HttpOnly 屬性(對大小寫不敏感),這樣 JavaScript 指令稿將無法讀取到 Cookie 資訊。如果 Cookie 資訊洩露,攻擊者可以重播竊取的 Cookie,偽裝成使用者獲取敏感資訊。

可以用 Fiddler 檢查 Cookie 是否被設定為 HttpOnly 屬性。打開 Fiddler,捕捉某網站的登入的 HTTP 請求和回應。在 Fiddler 中可以看到 Cookie 的屬性,如果 Cookie 沒有設定為 HttpOnly,那就是一個安全 Bug。

如圖 26-9 所示,dbcl2 這個 Cookie 被設定為 HttpOnly 屬性,這樣 JavaScript 就不能讀取。

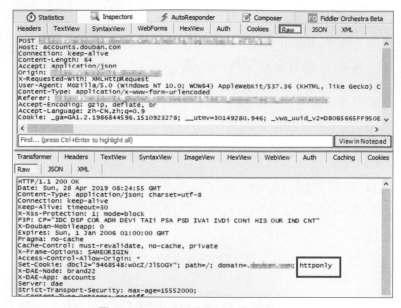

圖 26-9　Cookie 被設定為 HttpOnly

用 JavaScript 讀取 Cookie

打開網站並登入，然後在網址列中手動輸入 javascript:alert(document.
cookie)，該操作可以獲取這個網站的所有 Cookie。如果 Cookie 是
HttpOnly 屬性就不能讀取，如圖 26-10 所示。

圖 26-10　JavaScript 讀取 Cookie

26.5 越權存取漏洞

目前存在著兩種越權操作類型：水平越權操作和垂直越權操作。前者指的是攻擊者嘗試存取與他擁有相同許可權的使用者的資源；後者指的是低級別攻擊者嘗試存取高等級使用者的資源。

正常情況下，使用者只能查看自己的訂單，而不能查看別人的訂單。如果能查看別人的訂單，則説明系統存在非常嚴重的安全 Bug。

查看訂單的 URL（不是真實的 URL）。

http://m.tankzoo.com/tools/p_json_ajax.ashx?action=order_list&type= 0&user_id=207&page=1

查看到的使用者訂單詳情如圖 26-11 所示。

圖 26-11　我的訂單

可以看到 user_id=207, 207 是使用者的編號。將 207 修改為 208，看看能否獲取其他使用者的訂單資訊，如圖 26-12 所示。

圖 26-12　修改「我的訂單」

我們發現也能看到別的使用者的訂單。說明這個介面沒有做許可權控制，從而可以看所有人的訂單。這是一個非常嚴重的安全 Bug。攻擊者只需要寫一個簡單的指令稿，就可以把這個網站的所有的訂單資訊全部竊取出來。

26.6　資源必須登入才能存取

很多 URL 是必須登入後才能存取的。安全測試必須要測試所有需要認證的資源必須在登入狀態才能存取。

具體測試步驟如下。

步驟1 打開網站並且登入。

步驟2 打開 Fiddler，在網頁上存取「我的訂單」頁面。

步驟3 在 Fiddler 中找到「我的訂單」的 HTTP 請求，按右鍵並選擇 Replay → Reissue and Edit。把該 HTTP 請求中的 Cookie 刪除，再將修改後的 HTTP 請求發送出去。

步驟4 檢查回應，如果 HTTP 回應返回 401 錯誤，或提示使用者未登入，那麼就是沒問題；如果能得到訂單資訊，那麼它就是個安全相關的 Bug，如圖 26-13 所示。

圖 26-13 沒有 Cookie 存取「我的訂單」

26.7 修改 VIP 會員到期時間

很多 App 會提供 VIP 會員功能，使用者購買會員 VIP 可以享受更多服務。這裡有可能會出現安全 Bug，當 Web 伺服器返回 VIP 即將到期的資訊時，非法使用者可以透過 Fiddler 修改 HTTP 回應，從而修改 VIP 到期時間。圖 26-14 所示的是某直播 App 的 VIP 到期時間被修改。

圖 26-14　修改 VIP 到期時間

26.8　本章小結

本章介紹了很多有意思的 Web 安全測試的範例，讀者還可以找到更多有意思的安全測試方法。

當具備本章所述的這些安全測試思維之後，讀者就可以用工具來輔助安全測試了。常用的安全測試工具有 AppScan、Burp Suite 和 Fiddler 等。如果沒有安全測試的理論知識，就直接使用安全測試工具去進行測試，那麼會看不懂安全測試工具的報告。

Chapter

27

綜合實例──自動提交訂單

大多數產品都有自己核心的業務流。例如在電子商務中,極其重要
的業務流是購物。如何保障每次產品疊代時核心的業務流都能正
常流轉?當然每次去手動跑業務流也是可以的,但這對測試工程師來說
無形中增加了很多額外的工作量,而且每次都做一樣的操作,也會讓測
試工程師產生厭惡感,長期下去會對產品產生抵觸心理。此時自動化測
試就顯得尤為重要,不僅節省了工作成本,而且還把人從重複的工作中
解放出來,去做更有意義的事。本章會詳細介紹在日常工作中如何做自
動化測試。

27.1 背景

小坦克是一家網際網路公司的測試人員,公司總共有 10 個開發人員,
只有他一個測試人員。他負責公司所有產品的測試,包括 Web 端、行
動端(Android 端、iOS 端)、H5 端,甚至還有公眾號和微信小程式。

功能測試和系統測試也是他一個人做。他基本上每天都要加班到晚上 10 點，因此迫切希望自己的工作能自動化，減少工作量，少加點班。

27.2　回歸測試

regression 有退化的意思，原本完好的功能不能使用了，説明功能發生了退化。而回歸測試（Regression Test）就是為了防止這樣的情況發生。

有時候開發人員修復了一個 Bug，可能會引入新的 Bug。如果測試人員沒有進行回歸測試，就會發生 Bug 漏測。漏測是指軟體產品的缺陷沒有在測試過程中被發現，而是在版本發佈之後，使用者在使用過程中才發現產品存在的缺陷。在每次開發人員修改程式後，測試人員都要做回歸測試，目的是防止開發人員引入新的 Bug，造成功能的退化。回歸測試的做法是把以前執行過的測試使用案例重新執行一遍。

需要做回歸測試的常見情形如下。

- 開發人員做了些小改動，此時需要測試人員做回歸測試，以確保現有的功能沒有被破壞。
- Bug 修復也需要做回歸測試，從而驗證新的程式修復了 Bug，同時也要確保原有的功能沒有被破壞。
- 在專案後期需要進行一個完整的回歸測試，以確保所有的功能都是好的。此時的測試叫作全站回歸。

27.3 讓回歸測試自動化

回歸測試完全是個「體力活」，測試人員可能要重複測試幾十遍甚至幾百遍，更有可能在較長一段時間內都是測一樣的內容。對軟體測試人員來說回歸測試就是重複測試，所以它最好可以實現自動化。

如果實現自動化回歸測試使用案例，那麼測試人員的工作量將大大減少。

27.4 產品的架構

典型的網際網路公司的產品架構如圖 27-1 所示。一般而言，公司提供了很多用戶端（前端）給使用者使用，而這些前端都是用同一個後端。

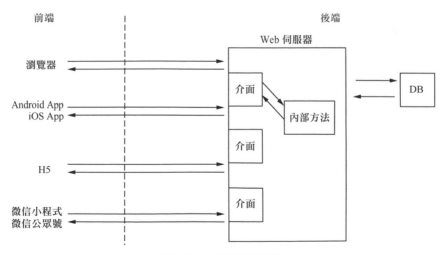

圖 27-1　產品架構圖

27.5　自動化測試方案

測試人員需要根據自己的精力和技能來選擇合適的自動化測試方案。常見的自動化測試方案如圖 27-2 所示。

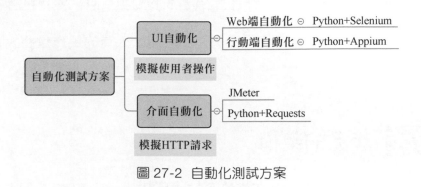

圖 27-2　自動化測試方案

對 UI 進行自動化用處不大，理由如下。

- UI 變動很快，基本上 3 個月 UI 就會大更新一次。此時寫好的自動化程式要跟著改，維護成本太高。
- UI 端太多，Android 端要寫一套自動化方案，Web 端又寫一套自動化方案等，工作量太大。
- UI 自動化要投入太多精力，初步估計 1 天只能寫 1 ～ 2 筆自動化測試使用案例。測試人員平常還要做手動測試，擠不出這麼多時間來開展自動化。
- 對測試人員程式設計水準要求太高，Selenium 入門容易，但是要熟練地將其用到實際專案中還有很長一段路要走。使用 Selenium 實現 UI自動化一般需要幾個月才能完成。

小坦克最終選擇的方案是介面自動化。但是介面自動化只測試了後端，沒有測試前端，那前端怎麼辦呢？前端的測試還是用手動測試。因為後端沒問題，所以前端出問題的機率也小。

最終小坦克選擇以下方案：

（1）用介面自動化測試實現後端自動化。測試人員大約 1 天可以寫 5 個自動化測試使用案例；

（2）手動測試 Web 端、Android 端、iOS 端、微信小程式和公眾號等。

採用自動化方案後，至少減少了 50% 的重複工作。

27.6 哪些測試使用案例可以自動化

對於一個電子商務網站，下面這些系統測試使用案例都可以自動化。

- 新建訂單，修改訂單，刪除訂單。
- 查詢使用者的所有訂單。
- 新建收貨地址，修改收貨地址，刪除收貨地址。
- 查詢使用者的收貨地址。
- 修改個人資訊。

27.7 下單的測試使用案例

我們先用自動化測試方案來實現下單的系統測試使用案例，步驟如下所示。

（1）註冊一個新帳號。

（2）用這個帳號登入。

（3）尋找商品。

（4）把商品加入購物車。

（5）填好各種資訊，提交訂單。

（6）到我的訂單頁面，查看訂單是否下單成功。

（7）取消該訂單。

27.8 用 JMeter 實現自動提交訂單

本節介紹如何用 JMeter 實現自動測試使用案例。用 JMeter 實現自動測試耗時比較短，一般只需要十幾分鐘就能做好。大部分的測試人員不精通寫程式，因此用 JMeter 實現比較方便。

接下來，我將透過範例來詳細講解用 JMeter 實現自動提交訂單的過程。

步驟 1　啟動 Fiddler，開始封包截取。

步驟 2　打開某個電子商務網站，點擊「登入」。

步驟 3　輸入正確的使用者名稱和密碼，Fiddler 介面如圖 27-3 所示。

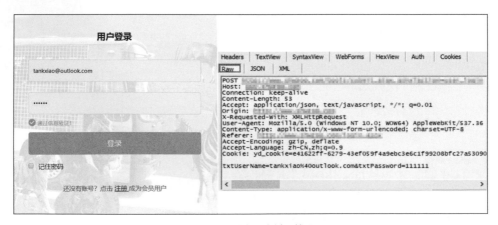

圖 27-3　登入封包截取

步驟 4　啟動 JMeter，並增加一個執行緒組。在執行緒組下面，增加 HTTP Cookie 管理器和 HTTP 請求預設值，然後把域名填到 HTTP 請求預設值中。

步驟 5　在 JMeter 中增加一個 HTTP 資訊表頭管理器。在 Fiddler 中，把常用的資訊表頭加入到 HTTP 資訊表頭管理器中，再增加一個查看結果樹。

步驟6 在 JMeter 中增加一個 HTTP 請求，將其取名為「登入」。按照 Fiddler 抓到的登入的封包，把路徑和資訊主體的資料填好（注意：路徑後面不要有空格），如圖 27-4 所示。

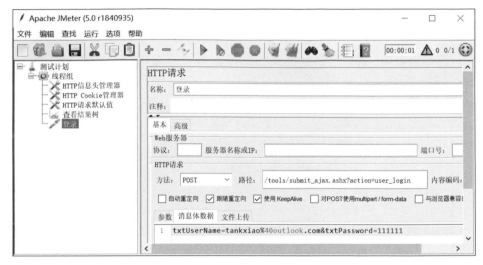

圖 27-4 用 JMeter 實現自動登入

步驟7 在 Web 頁面中，把購買的物品加入到購物車中，Fiddler 抓到的封包如圖 27-5 所示。

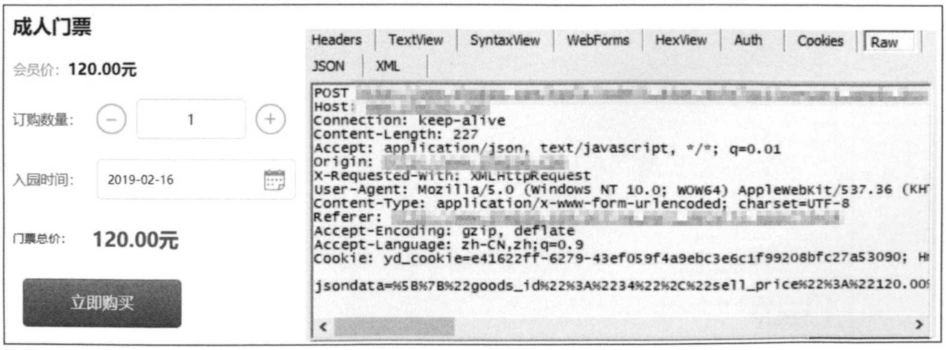

圖 27-5 抓到的購買物品的封包

步驟8 在 JMeter 中增加一個 HTTP 請求，將其取名為「加入購物車」，如圖 27-6 所示。此處要注意的是，購買的物品是有日期的。我們需要對日期進行參數化處理。用函數 {__time(yyyy-MM)}-30 來獲取本月的日期，例如 2019-07-30。

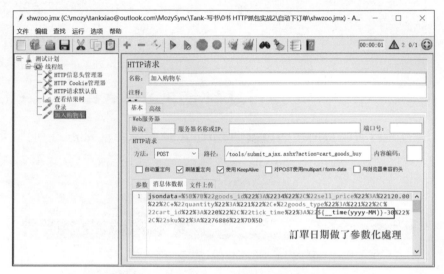

圖 27-6　用 JMeter 實現加入購物車

步驟9 在 Web 頁面中填好資訊，點擊「提交訂單」按鈕，如圖 27-7 所示。Fiddler 抓到的封包如圖 27-8 所示。

圖 27-7　在 Web 頁面中提交訂單

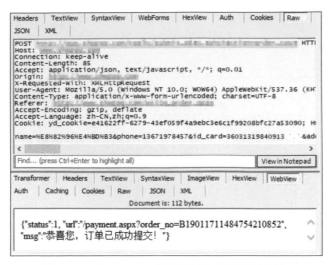

圖 27-8 用 Fiddler 抓到的提交訂單的封包

步驟10 在 JMeter 中增加一個 HTTP 請求，將其取名為「提交訂單」，如
圖 27-9 所示。按照抓到的封包的內容，把路徑和資訊主體資料填好。注
意：身份證字號需要填一個有效的，否則伺服器會返回錯誤，説身份證
不合法。

圖 27-9 JMeter 實現提交訂單

步驟11 運行 JMeter 指令稿，可以看到訂單可以自動提交了，如圖 27-10 所示。

圖 27-10　JMeter 自動提交訂單

JMeter 總共發送了 3 個 HTTP 請求就可以實現自動提交訂單的功能，非常方便、快捷。

27.9　用 Python 實現自動提交訂單

用 Python 實現自動提交訂單功能的程式如下。

```
import requests
import time


domain = "https://www.shwzoo.com"
sess = requests.session()
```

```
# 登入
loginUrl = domain + "/tools/submit_ajax.ashx?action=user_login"
loginData={'txtUserName':'tankxiao@outlook.com','txtPassword':'111111'}
headers = {'User-Agent':'Mozilla/5.0 (Windows NT 10.0; Win64; x64)
AppleWebKit/537.36 (KHTML, like Gecko) Chrome/67.0.3396.99 Safari/537.36'}
sess.headers.update(headers)
loginResult = sess.post(loginUrl,loginData,verify=False)
print(loginResult.text)
# 獲取當前日期
ticketDate = time.strftime("%Y-%m")+"-30"
print(ticketDate)
# 商品加入購物車
cardUrl=domain + "/tools/submit_ajax.ashx?action=cart_goods_buy"
cardData={'jsondata':'[{"goods_id":"35","sell_price":"65.00",
"quantity":"1", "goods_type":"1","cart_id":"0","tick_time":"'+ticketDate+'",
"sku":"94605"}]'}
cardResult=sess.post(cardUrl,cardData,verify=False)
print(cardResult.text)
# 提交訂單
orderUrl= domain + "/tools/submit_ajax.ashx?action=order_save"
orderData={'name':'肖佳','phone':'18964343919','id_card':
'36031319840913XXXX', 'address':'','remark':''}
orderResult=sess.post(orderUrl,orderData,verify=False)
print(orderResult.text)
```

27.10 用 JMeter 實現自動取消訂單

接下來對另外一個測試使用案例進行自動化,那就是取消訂單。取消訂
單需要一個訂單號,因此先要得到訂單號。可以從我的訂單頁面中提取
訂單號,如圖 27-11 所示。

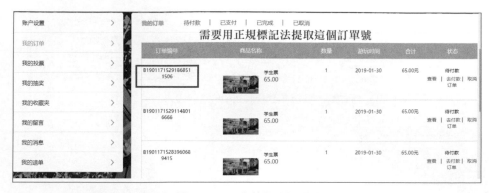

圖 27-11 我的訂單頁面

查看 HTML 原始程式碼。

```
onclick="onCancel('B190117152918668511506')" class="btn mt0">取消訂單
```

使用正規表示法來提取訂單號。

```
onCancel('.*?')
```

在用 JMeter 時，經常需要透過正規表示法來提取資料，用得非常多的正規表示法是 ".*?"。

用 JMeter 實現自動取消訂單的步驟如下。

步驟 1 在 JMeter 中增加一個 HTTP 請求，將其取名為「我的所有訂單」。該 HTTP 請求是 GET 方法，所以只需要填好路徑即可，沒有資訊主體，如圖 27-12 所示。

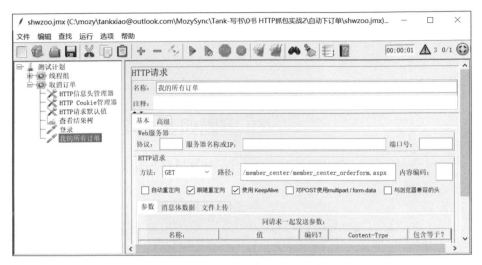

圖 27-12 JMeter 中的「我的所有訂單」

步驟 2 在「我的所有訂單」下面增加一個正規表示法提取器來提取訂單號（見圖 27-13），並將訂單號存到變數 orderID 中。

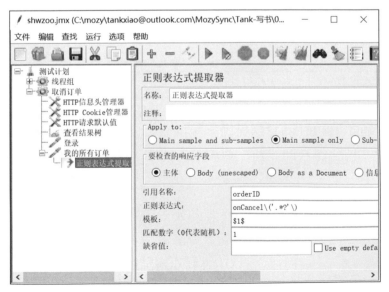

圖 27-13 正規表示法提取器

◆ 27.10 用 JMeter 實現自動取消訂單

步驟3 在「我的訂單」頁面中，點擊「取消」按鈕，然後用 Fiddler 封包截取，如圖 27-14 所示。

圖 27-14 取消訂單封包截取

步驟4 在 JMeter 中增加一個 HTTP 請求，將其取名為「取消訂單」，然後填好路徑。訂單號呼叫了變數 ${orderID}，這樣就可以實現自動取消訂單功能了，如圖 27-15 所示。

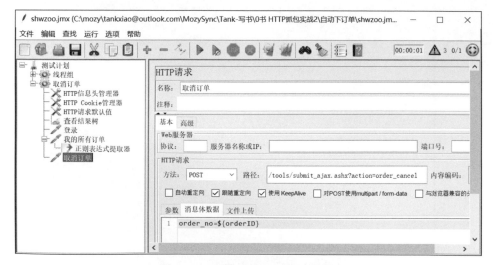

圖 27-15 用 JMeter 取消訂單

27.11 用 Python 實現自動取消訂單

用 Python 實現自動取消訂單功能的程式如下。

```python
import requests,time,re


domain = "https://www.某網站.com"
sess = requests.session()
# 登入
loginUrl = domain + "/tools/submit_ajax.ashx?action=user_login"
loginData={'txtUserName':'tankxiao@outlook.com','txtPassword':'111111'}
headers = {'User-Agent':'Mozilla/5.0 (Windows NT 10.0; Win64; x64) Chrome/
67.0.3396.99 Safari/537.36'}
sess.headers.update(headers)
loginResult = sess.post(loginUrl,loginData,verify=False)
print(loginResult.text)
# 我的訂單中
myOrderUrl = domain + "/member_center/member_center_orderform.aspx"
myOrderHtml = sess.get(myOrderUrl,verify=False)
print(myOrderHtml.text)
# 提取訂單號
orderPattern = r"onCancel\('(.*?)'\)";
orderGroup = re.search(orderPattern,myOrderHtml.text)
order = orderGroup.group(1)
print(order)
# 取消訂單
cancelIDUrl= domain + "/tools/submit_ajax.ashx?action=order_cancel"
cancelIDData={'order_no':order}
cancelIDResult=sess.post(cancelIDUrl,cancelIDData,verify=False)
print(cancelIDResult.text)
```

27.12　模擬 100 個使用者同時下 1000 個訂單

如果要模擬 100 個使用者同時提交 1000 個訂單,用 Python 實現比較麻煩,需要用到 Python 的多執行緒功能,也就是同時啟動 100 個執行緒。更麻煩的是,我們還需要統計這 100 個使用者的性能指標。

在 JMeter 中,實現這個功能就很簡單了。只要把「執行緒數」改成 100(一個執行緒代表一個使用者)「迴圈次數」修改為 10 即可,如圖 27-16 所示。然後增加一個聚合報告來查看性能測試報告。

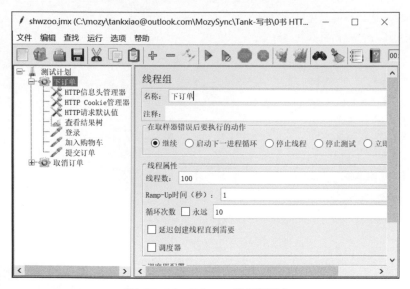

圖 27-16　JMeter 性能測試

我們主要觀察兩個性能指標。

第 1 個性能指標是 Error%(錯誤率),正常應該是 0,不能有錯誤。
第 2 個性能指標是 Average(平均回應時間),正常應該是 100 ～ 20000。

性能測試的結果如圖 27-17 所示。從聚合報告中可以看出，此網站不能同時支撐 100 個使用者同時存取。

圖 27-17　性能測試報告

27.13　本章小結

本章以軟體測試人員小坦克迫切想要提高工作效率為背景，分析指出了回歸測試是測試工作中必須要做但又不斷重複比較耗費時間的工作，可以讓其自動化實現，並選擇了介面自動化測試的方案。本章還以電子商務網站中的訂單系統為實例，演示了如何使用 JMeter、Python 來實現自動提交訂單和自動取消訂單的完整過程。

◆ 27.13　本章小結

綜合實例——自動申請帳號

本章介紹如何開發一個小工具,該工具會在 JIRA 中自動申請帳號以替代人工作業。

很多公司有多個測試環境,在每個環境中都可能需要申請帳號,用手動的辦法申請帳號比較耗時、耗力。開發這樣的小工具,可以提高一些測試效率。

28.1 一鍵申請帳號

JIRA 是一個軟體開發專案管理工具,大部分開發團隊使用 JIRA 來管理專案。本節我們將在 JIRA 中創建帳號。讀者需要自己部署 JIRA 來完成該任務。

注意:不同版本的 JIRA 的流程可能會稍微不一樣。

步驟1 登入。打開 Fiddler 和瀏覽器，輸入 JIRA 的登入網址，結果如圖
28-1 所示。接著輸入管理員的使用者名稱（admin）和密碼（123456），
然後點擊 Log In 按鈕。Fiddler 可以捕捉到登入的 HTTP 請求，如圖
28-2 所示。

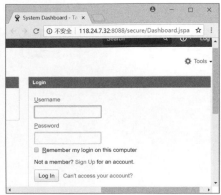

圖 28-1　JIRA 登入頁面

從圖 28-2 中可以看到 Fiddler 捕捉到了登入的 HTTP 請求。登入成功
後，伺服器在 Cookie 中返回了一個和登入有關的 Cookie，還返回了一
個 token 字串，如圖 28-3 所示。

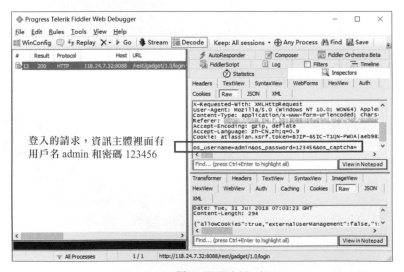

圖 28-2　登入頁面封包截取

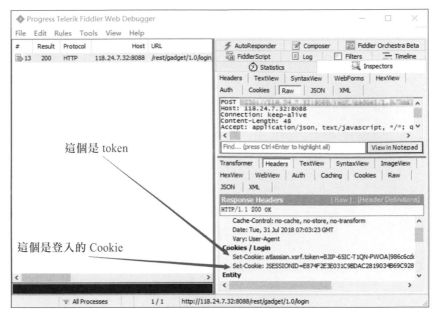

這個是 token

這個是登入的 Cookie

圖 28-3　分析登入回應

步驟2 確認登入。點擊 User management，JIRA 會提示再次輸入密碼，如圖 28-4 所示。

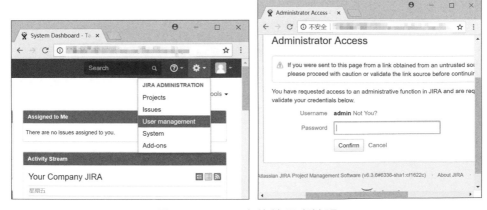

圖 28-4　JIRA 中的使用者管理

用 Fiddler 捕捉確認登入的 HTTP 請求，如圖 28-5 所示。

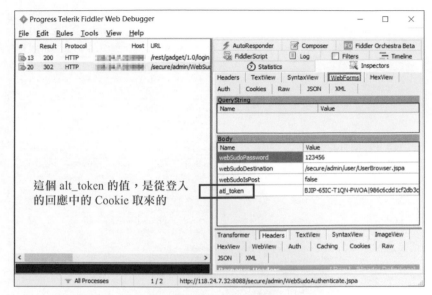

圖 28-5 封包截取

我們看到確認登入的 HTTP 請求中，需要帶一個 atl_token。這個 atl_token 的值，是從第一步登入的回應中的 Cookie 獲取的。

步驟 3 創建使用者，如圖 28-6 所示。

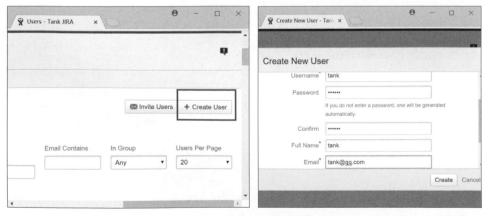

圖 28-6 在 JIRA 中創建新使用者

Fiddler 捕捉到的創建使用者的封包如圖 28-7 所示。

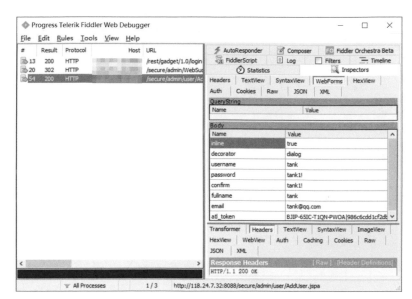

圖 28-7 創建新使用者的封包

可以看到除了註冊的使用者名稱和密碼外,創建新使用者也需要 atl_ token。

透過封包截取分析可以得知,創建一個使用者共需要 3 個 HTTP 請求。第一個 HTTP 請求用於登入,第二個 HTTP 請求用於確認登入,第三個 HTTP 請求用於創建使用者。接下來我們用 JMeter 來實現該功能。

28.2 用 JMeter 實現自動創建使用者

JMeter 的用法我們已經很熟悉了。啟動 JMeter 後增加執行緒組、HTTP Cookie 管理器、HTTP 請求預設值、HTTP 資訊表頭管理器和查看結果樹,再增加一個登入的 HTTP 請求,並根據 Fiddler 抓到的封包填好資訊,如圖 28-8 所示。

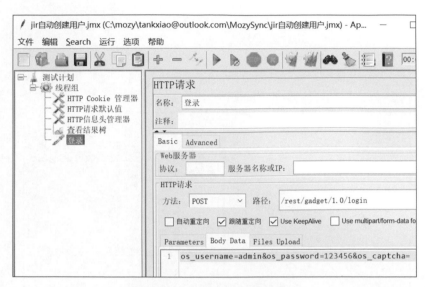

圖 28-8 用 JMeter 實現登入

特別要注意的是，因為我們需要資訊表頭中的 token，所以需要把這個 token 用正規表示法提取出來並將其存在變數 token 中。這樣其他 HTTP 請求就可以使用這個 token 了，如圖 28-9 所示。

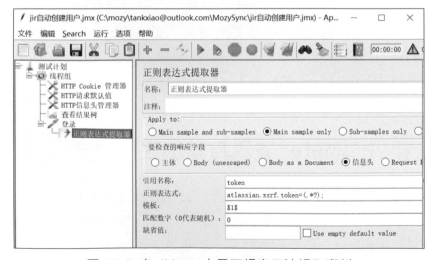

圖 28-9 在 JMeter 中用正規表示法提取資料

增加一個確認登入的請求，把透過正規表示法提取器得到的 token（${token}）設定值給 atl_token，如圖 28-10 所示。增加一個使用者自訂變數，這樣想申請什麼帳號，直接改變量的值就可以了，如圖 28-11 所示。

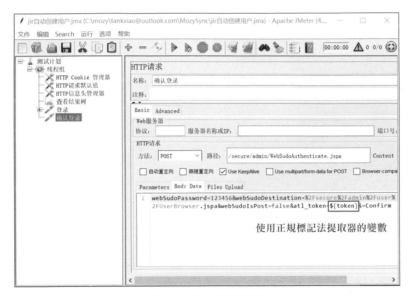

圖 28-10　使用變數

圖 28-11　增加使用者自訂變數

接下來增加創建使用者的請求。該請求中所涉及的註冊使用者名稱的欄位使用使用者自訂變數 user 進行設定值，如 ${user}，如圖 28-12 所示。

圖 28-12 使用變數

執行程式後使用者就可以一鍵申請帳號了，如圖 28-13 所示。

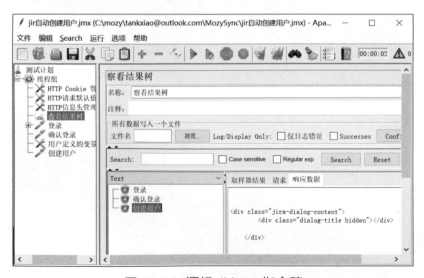

圖 28-13 運行 JMeter 指令稿

28.3 本章小結

本章介紹了自動申請帳號小工具的開發過程。使用 Fiddler 封包截取，分析了 JIRA 創建使用者需要的 HTTP 請求，然後在 JMeter 中實現了自動創建 JIRA 使用者的功能。

除了自動申請帳號工具，讀者還可以開發其他小工具，例如：自動開 Bug、自動關 Bug、自動填充測試資料和自動下載等工具。

◆ 28.3　本章小結

綜合實例──自動簽到領積分

很 多商場有簽到領積分的功能。利用封包截取原理和 Python 發送封包可以實現自動簽到，然後讓 Python 指令稿每天定時運行，這可以大大節省時間和精力。

29.1 自動簽到的想法

簽到是用戶端給伺服器發送一個簽到的 HTTP 請求。自動簽到的想法是用 Fiddler 來捕捉 App 簽到的 HTTP 請求，再用 Python+requests 模擬所發送的簽到的 HTTP 請求。

大部分 App 是使用 Cookie 來保持登入的，有了 Cookie 就能模擬登入。App 的 Cookie 的有效期一般很長，如果故障了，那麼需要重新封包截取以換取新的 Cookie。

每天定時運行指令稿就能每天簽到領積分，完全不需要人工操作。

29.2　手機封包截取

Web 端和 App 端都有簽到功能，為什麼模擬 App 端，而不模擬 Web 端呢？原因在於 App 端的 Cookie 的登入有效期比較長，通常在幾個月以上，而 Web 端的 Cookie 的登入有效期通常只有幾天。

我們的目的是抓到 App 簽到的 HTTP 請求。

29.3　某電子商務簽到領豆子

如圖 29-1 所示，在某電子商務 App 首頁點擊「領豆子」，然後點擊簽到。

圖 29-1　簽到領豆子

利用 Fiddler 封包截取，抓到的 HTTP 請求和回應如圖 29-2 所示。

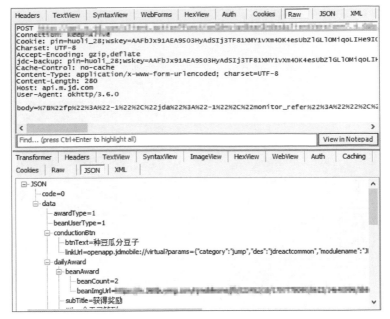

圖 29-2　簽到領豆子的請求

然後用 Python+requests 實現，發送一個一模一樣的 HTTP 請求。

```python
import requests, json
# 某電子商務App領豆子
sess = requests.session()
url = "https://api.m.jd.com/client.action?functionId=signBeanStart&body=%7B%
22rnVersion%22%3A%223.9%22%7D&appid=ld&client=android&clientVersion=7.1.0"
headers={'User-Agent':'Dalvik/2.1.0 (Linux; U; Android 8.0.0; ALP-AL00
Build/HUAWEIALP-AL00)'}

cookies={'pt_key': 'fiddler封包截取來的',
        'pt_pin':'huoli_28'}

loginResult=sess.get(url,headers=headers,cookies=cookies,verify=False)
print(loginResult.text)
```

注意：如果 App 升級了，HTTP 請求可能發生改變，此程式就不能運行了。

29.4 　某金融 App 簽到

和上面的例子一樣，某金融 App 也有一個簽到功能，如圖 29-3 所示。

圖 29-3　金融 App 簽到

Fiddler 封包截取如圖 29-4 所示。

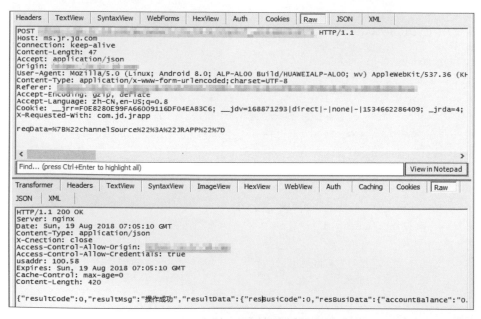

圖 29-4　金融 App 簽到封包截取

29.5　自動運行指令稿

指令稿寫好後，如果需要每天運行指令稿才能簽到，比較麻煩。將指令稿做成每天自動運行就方便得多了。

29.5.1　Python 指令稿利用 Windows 計畫定時執行

我們希望每天都簽到，因此這個 Python 指令稿每天都要執行一次。我們可以利用 Windows 系統中附帶的「任務計畫程式」來實現每天定時運行。實現的具體步驟如下。

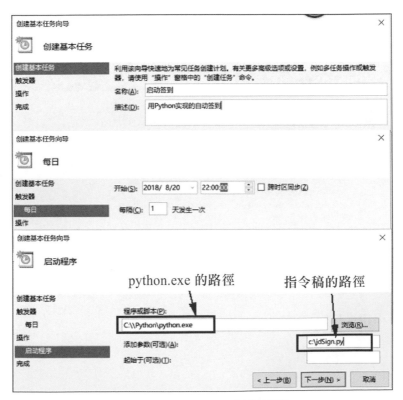

圖 29-5　Windows 計畫任務

（1）啟動 Windows 中的任務計畫程式。

（2）創建一個基本任務。

（3）給該任務取名。

（4）設定每天啟動一次。

（5）設定啟動的指令稿，如圖 29-5 所示。

這樣設定後就可以每天自動簽到了。

29.5.2　在 Jenkins 中定時執行

也可以把 Python 指令稿放到 Jenkins 中，再建一個定時運行的任務，這樣指令稿就可以定時運行了，如圖 29-6 所示。

圖 29-6　Jenkins 定時運行 Python 指令稿

Jenkins 也可以定時運行 JMeter 指令稿。

29.6 本章小結

本章利用 Fiddler 封包截取和 Python 發送封包實現了自動簽到領取積分的功能，然後提供了每天定時運行指令稿的兩種方法，實現了簽到指令稿每天定時運行，從而大大節省了時間和精力。類似的想法還可以做很多小工具，可以大大減少我們的人工作業，例如：

■ 上班打卡，有些公司使用 App 簽到打卡，利用封包截取可以做一個自動打卡的功能；

■ 領積分換停車費。

◆ 29.6　本章小結

綜合實例──App 約課幫手

最近幾年線上教育非常火爆，有各種各樣的線上興趣班。這些興趣班一般都有 App。線上課程一般需要家長幫孩子約課。我們可以把約課自動化，這會節省很多精力。

30.1 App 約課幫手的想法

手動約課大概需要 5min，而且有時候會忘記。我們完全可以開發一個自動化工具，來實現自動約課。

30.2 自動化方案

自動約課的方案比較多，本節主要介紹 3 種。

第 1 種方案：用 Postman 寫指令稿，然後用 Jenkins 定時運行。

第 2 種方案：用 JMeter 寫指令稿，然後用 Jenkins 定時運行。

第 3 種方案：用 Python 寫指令稿，然後用 Windows 附帶的計畫任務定時運行。

這個小工具一般是個人使用，用 Jenkins 有點麻煩，而 JMeter 這種工具擴充性不好，用 Python 實現比較簡單。把 Python 指令稿加到 Windows 計畫任務中，這樣可以每天定時運行，從而實現全自動約課。

30.3 模擬 App 端還是 Web 端

線上教育產品一般會提供多種用戶端，有 App 端、PC 端和 Web 端。圖 30-1 所示的是 Web 端，圖 30-2 所示的是 App 端，它們提供的功能是一樣的。

圖 30-1 網課 Web 端

圖 30-2　網課 App 端

模擬 App 端還是 Web 端呢？模擬 App 端會簡單一點，因為 App 端為了提高使用者體驗，一般沒有驗證碼，模擬會更簡單。

30.4　網課約課幫手開發

綜合運用本書前面所講的知識，開發網課約課幫手一點都不複雜，具體步驟如下。

30.4.1　第 1 步：模擬登入

啟動 App，並在手機上設定好 Fiddler，在登入頁面輸入正確的使用者名稱和密碼以開始封包截取，如圖 30-3 所示。使用者名稱是136719784XX，密碼是 11111111。（對於 App 而言，封包截取是基礎。）

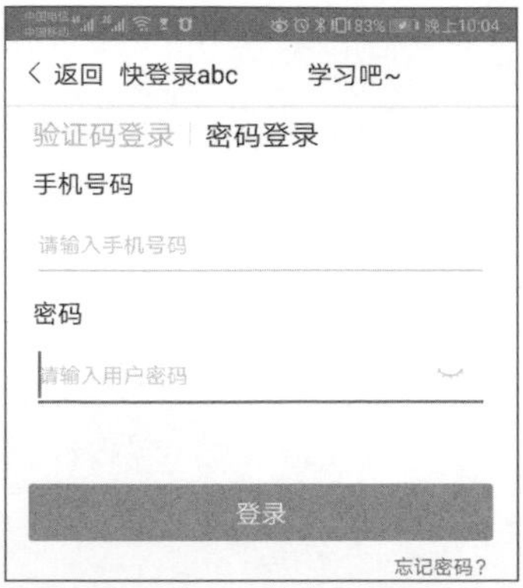

圖 30-3 登入頁面

點擊「登入」按鈕，抓到的封包如圖 30-4 所示。

圖 30-4 App 登入封包截取

從圖 30-4 中可以看到分析過程，其中有兩個問題需要解決。

第一個問題：密碼被加密了，密碼原本是 11111111，但是瀏覽器發給 Web 伺服器的密碼是 "1bbd886460827015e5d605ed44252251"。

這應該是 MD5 加密，可以用 MD5 的線上小工具來驗證，如圖 30-5 所示。

圖 30-5 MD5 線上小工具

從圖 30-5 可以看出來，密碼的確是被 MD5 加密的。

第二個問題是，登入的請求中有個 sign 參數，它是簽名，先判斷下它是動態簽名還是靜態簽名。如果是動態簽名，這個 sign 的值每次都會發生變化；如果是靜態簽名，那麼這個 sign 值不會發生變化，是固定的。

選中這個登入的請求，點擊工具列上的 Replay 按鈕，重放登入的請求。從圖 30-6 中可以看出重放後可以再一次登入成功，從而判斷出這個 sign 值是靜態簽名，可以繼續在發送登入請求的時候使用。

圖 30-6 重放登入的請求

用 Python 實現自動登入的程式如下。

```
import requests
# 第一步，模擬登入
domain = "http://某網站.com/"
loginUrl = domain+"/V1/Students/login"

sess = requests.session()
# 下面的資訊主體資料，跟Fiddler抓到的封包中的資訊主體資料一模一樣
loginData={'password':'1bbd886460827015e5d605ed44252251','phoneModel':'ALP-
AL00','androidVersion':'8.1.0','networkStatus':'100','source':'2','username'
:'136719784XX','appVername':'3.4.0', 'sign':'A763C300FD1F12B7FCAD3A9ECF178
B354BA3E691'}
```

```
loginResult=sess.post(loginUrl,loginData)
print(loginResult.text)
```

運行程式之後可以成功登入。

30.4.2 第 2 步：獲取課程 ID

在 App 中找到一位自己喜歡的老師的約課介面，如圖 30-7 所示。

圖 30-7　老師約課介面

這一步非常關鍵，老師的約課介面是一個很關鍵的 HTTP 介面，我們需要獲取這位老師的所有課程 ID。讀者需要一個一個分析封包，才能找到這個介面，如圖 30-8 所示。

約課一般都是要約第二天或第三天的課程。那麼需要根據時間戳記來獲取課程 ID，這裡的 Python 程式比較複雜。先要把明天的 20:00 換成時間戳記，然後再根據時間戳記獲取課程 ID。

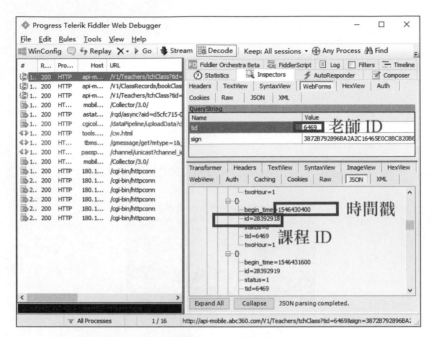

圖 30-8 抓課程 ID

用 Python 實現獲取課程 ID 的程式如下。

```
import datetime,time
import re

# 第二步，獲取課程的ID
# 發送HTTP請求，獲取這位老師的所有課程
tchClassUrl= domain +"/V1/Teachers/tchClass?tid=6469&sign=3872B792896BA2A2C1
6465E0C8BC820B6F8ED25A"
tchClassJson = sess.get(tchClassUrl)
print(tchClassJson.text)
# 將第二天20:00 轉換成時間戳記
today = datetime.date.today()
tomorrow = today + datetime.timedelta(days=1)
tomorrowTime= str(tomorrow) + " 20:00:00"
timeArray = time.strptime(tomorrowTime, "%Y-%m-%d %H:%M:%S")
```

```
timeStamp = int(time.mktime(timeArray))
print (timeStamp)
# 寫一個正規表示法來獲取課程ID
classIDPattern = r"id\":\"(.{8}?).{10,30}?begin_time\":\"" + str(timeStamp)
+ "\"";
classIDGroup = re.search(classIDPattern,tchClassJson.text)
classID=classIDGroup.group(1)
print(classID)
```

30.4.3　第 3 步：約課

在老師的約課介面中，選擇第二天 20:00 並點擊「預約課程」按鈕，透過抓到的封包可以看到約課的 HTTP 介面。

這個介面比較簡單。發送課程 ID 後就可以開始約課了。Fiddler 抓到的封包如圖 30-9 所示。

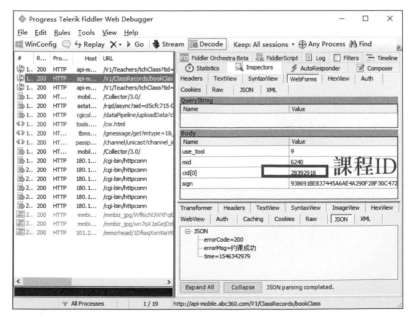

圖 30-9　約課的封包截取結果

實現約課的 Python 程式如下。

```
#第三步,約課
bookClassUrl=domain + "/V1/ClassRecords/bookClass"
bookData={'use_tool':'9','mid':'6240','cid[0]':classID,'sign':'938691BE83744
5A6AE4A290F28F30C4723C494A6'}
bookResult=sess.post(bookClassUrl,bookData)
print(bookResult.text)
```

30.5 本章小結

本章以 App 約課為範例,運用了本書之前章節的知識,結合 Fiddler 封
包截取和 Python 發送封包開發了一個自動化工具——App 約課幫手,實
現了自動約課功能。本章目前只實現了自動約課功能。一旦老師開始放
課,那麼本指令稿會在第一時間幫助使用者約到課。我們還可以進行擴
充,新加一些功能,舉例來說,把老師增加到「我的最愛」中,自動約
收藏的老師的課,自動評價課程等。